"十三五"职业教育国家规划教材

高等职业教育示范专业系列教材

（电气工程及自动化类专业）

组态控制技术与应用
项目式教程

主　编　赖永波

副主编　王志伟

参　编　汪倩倩　徐江红

机　械　工　业　出　版　社

本书以行业工程师培训的案例和科技服务企业案例为载体，突出技术实用性，将西门子 WinCC flexible 组态基于触摸屏的 PLC 控制技术的知识点和技能点融会于各个工程项目中，内容翔实，案例丰富。全书共 4 个项目，项目 1 中 2 个任务分别介绍了触摸屏和组态软件 WinCC flexible 的安装与使用；项目 2 中 5 个任务分别介绍了触摸屏组态 PLC 开关量控制、数字量监控、参数图形化监控、控制参数变化趋势和动画控制；项目 3 中 4 个任务介绍了触摸屏组态 PLC 报警与记录、用户管理、配方与报表及脚本控制功能；项目 4 中 9 个任务系统地介绍了组态控制在多个领域的综合设计过程与应用。**本书打破传统教科书的编写模式，配有完善的数字化在线开放学习资源，在中国大学 MOOC 平台上建有对应课程《组态控制技术与应用》，该课程每年开放授课 2 次。**

本书可作为电气自动化技术、智能控制技术、工业网络技术、机电一体化技术等专业教学用书，也可作为组态 PLC 控制应用工程人员培训或工程开发人员参考用书，其技术应用理念可以推广到其他种类的触摸屏和 PLC 组态控制中。

为方便教学，本书配有免费电子课件、知识与技能拓展答案、模拟试卷及答案，供教师参考。凡选用本书作为授课教材的教师，均可来电（010-88379375）索取，或登录机械工业出版社教育服务网（www.cmpedu.com）网站，注册、免费下载。

图书在版编目（CIP）数据

组态控制技术与应用项目式教程/赖永波主编．—北京：机械工业出版社，2017.8（2024.8 重印）

高等职业教育示范专业系列教材．电气工程及自动化类专业

ISBN 978-7-111-57153-7

Ⅰ．①组… Ⅱ．①赖… Ⅲ．①自动控制-高等职业教育-教材 Ⅳ．①TP273

中国版本图书馆 CIP 数据核字（2017）第 142662 号

机械工业出版社（北京市百万庄大街 22 号 邮政编码 100037）

策划编辑：于 宁 责任编辑：冯睿娟
责任校对：潘 蕊 封面设计：鞠 杨
责任印制：张 博

北京雁林吉兆印刷有限公司印刷

2024 年 8 月第 1 版第 7 次印刷

184mm×260mm · 13 印张 · 318 千字

标准书号：ISBN 978-7-111-57153-7

定价：45.00 元

电话服务　　　　　　　　网络服务

客服电话：010-88361066 机 工 官 网：www.cmpbook.com
　　　　　010-88379833 机 工 官 博：weibo.com/cmp1952
　　　　　010-68326294 金 书 网：www.golden-book.com

封底无防伪标均为盗版 机工教育服务网：www.cmpedu.com

关于"十三五"职业教育国家规划教材的出版说明

2019年10月，教育部职业教育与成人教育司颁布了《关于组织开展"十三五"职业教育国家规划教材建设工作的通知》（教职成司函〔2019〕94号），正式启动"十三五"职业教育国家规划教材遴选、建设工作。我社按照通知要求，积极认真组织相关申报工作，对照申报原则和条件，组织专门力量对教材的思想性、科学性、适宜性进行全面审核把关，遴选了一批突出职业教育特色、反映新技术发展、满足行业需求的教材进行申报。经单位申报、形式审查、专家评审、面向社会公示等严格程序，2020年12月教育部办公厅正式公布了"十三五"职业教育国家规划教材（以下简称"十三五"国规教材）书目，同时要求各教材编写单位、主编和出版单位要注重吸收产业升级和行业发展的新知识、新技术、新工艺、新方法，对入选的"十三五"国规教材内容进行每年动态更新完善，并不断丰富相应数字化教学资源，提供优质服务。

经过严格的遴选程序，机械工业出版社共有227种教材获评为"十三五"国规教材。按照教育部相关要求，机械工业出版社将坚持以习近平新时代中国特色社会主义思想为指导，积极贯彻党中央、国务院关于加强和改进新形势下大中小学教材建设的意见，严格落实《国家职业教育改革实施方案》《职业院校教材管理办法》的具体要求，秉承机械工业出版社传播工业技术、工匠技能、工业文化的使命担当，配备业务水平过硬的编审力量，加强与编写团队的沟通，持续加强"十三五"国规教材的建设工作，扎实推进习近平新时代中国特色社会主义思想进课程教材，全面落实立德树人根本任务；同时突显职业教育类型特征；遵循技术技能人才成长规律和学生身心发展规律；落实根据行业发展和教学需求，及时对教材内容进行更新；同时充分发挥信息技术的作用，不断丰富完善数字化教学资源，不断提升教材质量，确保优质教材进课堂；通过线上线下多种方式组织教师培训，为广大专业教师提供教材及教学资源的使用方法培训及交流平台。

教材建设需要各方面的共同努力，也欢迎相关使用院校的师生反馈教材使用意见和建议，我们将组织力量进行认真研究，在后续重印及再版时吸收改进，联系电话：010-88379375，联系邮箱：cmpgaozhi@sina.com。

机械工业出版社

前　言

随着全球现代工业化进程的推进，工业生产自动化水平不断提高，可编程序控制器（PLC）与人机界面（HMI）因结构简单、功能完善、性能稳定、可靠性高、灵活通用、易于编程等优点而在当今世界自动化控制领域得到广泛应用。

本书作为触摸屏组态 PLC 控制技术应用全工程项目化的教材，突出工学结合与立德树人的教育理念，其主要特点有：

1. 内容选取方面，以课程组行业培训案例和近年来科技服务企业案例为载体，并以国际工程师证书为行业标准对其理论知识与技能实践共性归纳提炼，将西门子 WinCC flexible 组态基于触摸屏的 PLC 控制技术点进行了精细的解构设计，并通过物理仿真再现实际 PLC 组态控制应用工程的工艺流程和技术要求。

2. 内容组织方面，将工程任务和案例中控制技术的知识点和技能点做了精密的科学拆分，将知识点和技能点训练融会于各个工程项目中，并按照知识与技能获得过程将任务层层递进设计，融合"课程思政"和现代教育技术来编写，采用分步骤操作展示然后再整合训练的方法，力求再现工程任务和案例技术情境，便于读者理解，便于实现"教、学、做"一体化。

3. 本书配有完善的数字化在线开放学习资源，书中工程项目的文本资源（课件、学习指南、题库及答案、12 套实践考核试卷、行业标准等），学习视频，调试与测试操作视频，读者可在"蓝墨云班课"上免费获取。学习者可以在移动终端（手机、平板电脑）上安装"蓝墨云班课"APP 软件，注册登录后，使用邀请码加入班课"组态控制技术与应用"→"资源共享开放班"，成功加入班课后便可免费学习本书的数字化在线开放学习资源。此外，本书在中国大学 MOOC 平台建有对应课程《组态控制技术及应用》，该课程每年开放授课两次。

本书分 4 个项目共 20 个任务，其中项目 1 和所有【工程实践】由汪倩倩编写，项目 2 中的任务 1、任务 2 和所有【在线开放资源】由徐江红编写，项目 2 中的任务 3~5 和项目 3 以及项目 4 的综合任务 1~6 由赖永波编写，项目 4 的综合任务 7~9 由王志伟编写。本书由赖永波任主编。

本书在编写过程中得到资深专家焦振宇教授的悉心指导，个别案例的引用来源已在参考文献中列出，在此一并表示诚挚的感谢！

由于编写时间仓促，编者水平有限，书中难免存在差错，敬请读者批评指正。

编　者

目　　录

项目 1　组态控制技术软硬件基础

信息的获取与传递已成为当今世界的一个重要问题，自动化控制领域更是如此，现代工业生产机器控制过程，操作员指令传达到机器，同时机器的过程值和状态反馈给操作员，这类信息交换在两个迥然不同的世界中进行，即机器和人之间进行信息交换。要简单且准确无误地实现信息流动，需要人机界面，操作员采用相应的软件和硬件集中操作，实现人与机器之间从操作到动作的全过程可视化。用于组态和实现可视化的新一代软件，能将你的机器控制状态与操作完美地整合为一体，这就是工业领域人机一体化的组态控制技术。

本项目通过两个任务的学习和实践操作，对西门子 WinCC flexible 组态触摸屏 PLC 控制技术进行硬件与软件的介绍，并对其相关操作事项进行概述。

任务 1　搭建一个基于触摸屏的小型 PLC 硬件系统

学习目标

1. 理解工业领域人机一体化的组态控制技术的控制方式和特点。
2. 熟悉人机界面（HMI）的分类及其特点。
3. 掌握人机界面与可编程序控制器（PLC）的电气安装。
4. 掌握人机界面的功能属性与应用设置。

知识重点

触摸屏的功能属性及其种类。

技能重点

1. 触摸屏的安装。
2. 触摸屏的应用设置。

操作难点

触摸屏的功能属性应用设置过程。

建议学时

实训室 4 学时 + E-Learning 2 学时。

触摸屏的安装和功能属性的设置。

任务描述

安装一个触摸屏（Smart 700 IE）小型 PLC 控制硬件系统，要求完成触摸屏和 PLC 的电气连接，对安装后的系统上电，并完成触摸屏功能属性启用设置。

【跟我学】

1.1.1　人机界面的种类与功用

1. 人机界面

人机界面（Human Machine Interface，HMI）是指人和机器在信息交换和功能上接触或互相影响的领域，不仅包括点线面的直接接触，还包括远距离的信息传递与控制的作用空间。人机界面是实现信息的内部形式与人类可以接受形式之间的转换。凡参与人机信息交流的领域都存在着人机界面。HMI 大量运用在工业与商业上，简单的区分为"输入"（Input）与"输出"（Output）两种，"输入"指的是由人来进行机械或设备的操作，如把手、开关、门、指令（命令）的下达或保养维护等，而"输出"指的是由机械或设备发出来的通知，如故障、警告、操作说明提示等，好的人机界面会帮助使用者更简单、更正确、更迅速地操作机械，也能使机械发挥最大的效能并延长使用寿命，而通常所指的人机界面则多狭义地界定在软件人性化的操作接口上。

2. 人机界面产品分类

1）薄膜键输入的 HMI，显示尺寸小于 5.7in（1in = 25.4mm），画面组态软件免费，属初级产品。如 POP-HMI 小型人机界面。

2）触摸屏输入的 HMI，显示屏尺寸为 5.7 ~ 12.1in，画面组态软件免费，属中级产品，如图 1-1 所示。

3）基于平板计算机，含多种通信口的高性能 HMI，显示尺寸大于 10.4in，画面组态软件收费，属高端产品，如图 1-2 所示。

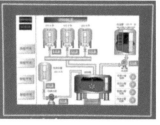

图 1-1　触摸屏输入的 HMI

图 1-2　高性能 HMI

3. 触摸屏

触摸屏（Touch Screen）又称为"触控屏""触控面板"，属于人机界面产品中的一类，是一种可接收触点等输入信号的感应式液晶显示装置，为了操作上的方便，人们用触摸屏来代替鼠标或键盘。工作时，首先用手指或其他物体触摸安装在显示器前端的触摸屏，然后系统根据手指触摸的图标或菜单位置来定位选择信息输入。触摸屏由触摸检测部件和触摸屏控制器组成，触摸检测部件安装在显示器屏幕前，用于检测用户触摸位置，然后送触摸屏控制器；而触摸屏控制器的主要作用是从触摸点检测部件上接收触摸信息，并将它转换成触点坐标，再送给 CPU，它同时能接收 CPU 发来的命令并加以执行。当接触了屏幕上的图形按钮时，屏幕上的触觉反馈系统可根据预先编程的程式驱动各种连接装置，以取代机械式的按钮面板，并借由液晶显示画面制造出生动的影音效果。触摸屏作为一种最新的计算机输入设备，它是目前最简单、方便、自然的一种人机交互方式，是极富吸引力的全新多媒体交互设备。触摸屏广泛应用于公共信息的查询、工业控制、军事指挥、电子游戏及多媒体教学等领域。

4. 触摸屏的主要类型

从技术原理来区别触摸屏，可分为五个基本种类：矢量压力传感技术触摸屏、电阻技术触摸屏、电容技术触摸屏、红外线技术触摸屏及表面声波技术触摸屏。其中矢量压力传感技术触摸屏已退出历史舞台；红外线技术触摸屏价格低廉，但其外框易碎，容易产生光干扰，曲面情况下会失真；电容技术触摸屏设计构思合理，但其图像失真问题很难得到根本解决；电阻技术触摸屏的定位准确，但其价格颇高，且怕刮，易损；表面声波技术触摸屏解决了以往触摸屏的各种缺陷，清晰且不容易被损坏，适用于各种场合，缺点是屏幕表面如果有水滴和尘土会使触摸屏变得迟钝，甚至不工作。

目前国际上触摸屏品种繁多，在工业控制领域使用的主要品牌有西门子、三菱、台达、欧姆龙和昆仑通态（MCGS）等，可以在各自生产厂家网站上查阅其产品种类和属性说明等。

5. 触摸屏的功用

可视化是大多数机器标准功能的一部分，工业控制触摸屏是工业现场操作人员与 PLC 之间进行双向联系的桥梁，用来实现操作人员与计算机控制系统之间的信息传递，连接 PLC 实现对变频器、交直流调速器、电气执行机构和工业仪表等控制设备的监控，可以用字符、图形、动画和符号标签等来影射 PLC 的 I/O 状态和系统各种控制对象的状态信息；通过 HMI 设备来接收操作员发出的命令和设置的参数，并能将它们传送到 PLC 控制器中，实现实时监控工业生产流程，以及实现报警、用户管理、数据记录、趋势图、配方管理、显示和打印报表、通信等功能。

触摸屏是人机界面的主流发展方向，用户可以用触摸屏上的文字、按钮、图形和数据窗口等来接收 PLC 处理的数据信息，并能够向 PLC 发出控制命令，用以处理和监控不断变化的工业现场控制对象的状态信息，其操作和过去的人机界面相比，变得简易且可以减少操作失误，新手也可以轻松地学会操作生产系统的控制设备，实现人与机器之间从操作到动作的全过程可视化。

随着工业控制网络化技术的飞速发展，采用人机界面和 PLC 控制器构建的网络化集成控制系统（如图 1-3 所示）被广泛地应用在自动化生产流水线和过程控制自动化系统中（如图 1-4 所示）。

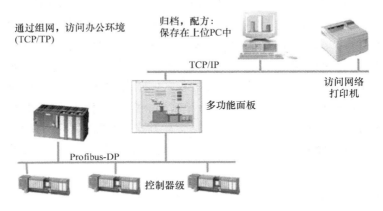

图 1-3　触摸屏在工业控制中的组网应用

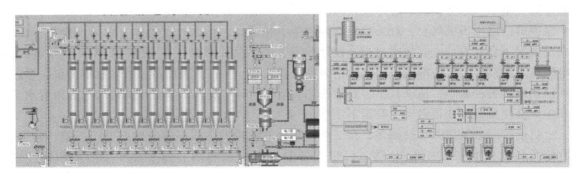

图 1-4　触摸屏在工业控制中的应用

1.1.2　西门子触摸屏

1. 西门子触摸屏类型

西门子触摸屏产品品种丰富（图 1-5 所示为几款从低档到高档的触摸屏产品），其代表性产品主要为各类型的面板：

1）微型面板：OP 73Micro、TP 177 Micro 和 K-TP 178Micro。

2）70 系列面板：OP73、OP77A、OP77B。

3）触摸面板：TP177A、TP177B、TP277。

4）多功能面板：MP277、MP370、MP377。

5）移动面板：Mobile Panel 177、Mobile Panel 277、Mobile Panel 177（F）。

6）操作员面板：OP177B、OP277。

7）智能面板：Smart 700、1000 系列。

图1-5　西门子从低档到高档触摸屏产品

面板适用于标准的机柜、控制台和盘柜，能够在恶劣的工业环境中长时间连续运行，是 PLC 最理想的组态设备，典型应用于生产流水线自动化和过程控制自动化系统中。微型面板是专门为 S7-200 小型 PLC 定做的，组态应用操作简单。除微型面板外，其他中高性能的各类面板均可与第三方 PLC 组态应用。

2. Smart 700 IE

Smart 700 IE 是西门子公司推出的一款新型面板，具有汉字的最优化显示，用户能够从可视化的优势中获得更加简单快捷的操作，适用于防水、防尘的应用场合，特别适用于工业制造与纺织行业，具有以下新功能：

1）与计算机的通信接口有 RS-485/422 和 Ethernet 两种方式，支持以太网通信，用于工业以太网连接。

2）支持 Modicon MODBUS 串行连接，几乎可以和全世界所有主流 PLC 控制器组态使用。

3）拥有 2MB 内存空间，可组态 500 个画面、1000 个变量、2000 个离散量报警，采用 DC24V 电源工作，通信采用 PC/PPI 电缆时速率最大可达 187.5kbit/s，图 1-6 是其外观结构图。

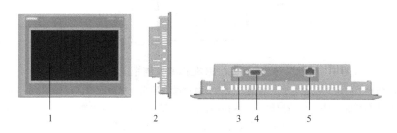

图1-6　Smart 700 IE 外观结构图

1—显示器/触摸屏　2—安装卡钉的凹槽　3—电源连接器　4—RS485/422 接口　5—以太网接口

上述西门子触摸屏的性能属性在相应的产品说明书中有详述，也可以在西门子 PLC 网站上查阅，见【在线开放学习资源】。

【跟我做】

1.1.3 触摸屏的安装

触摸屏安装主要指控制机柜上的电气安装，以及与组态计算机和 PLC 控制器的通信连接，以 Smart 700 IE 的安装和连接为例，根据图 1-6 的外观结构，其安装和连接主要步骤有：

（1）控制柜上的安装 首先在安装控制柜上将触摸屏插入到开孔中，再将所有卡钉插入触摸屏背面的卡钉安装槽，然后使用 2 号螺钉旋具来安装卡钉，最大允许转矩为 0.2N·m，从而固定触摸屏。

（2）等电位联结 进行等电位电路的连接，图 1-7 所示为一种标准控制柜的安装接线示意图。等电位联结的常规要求是消除电位差，以确保电气系统的相关组件在运行时不会出现故障，遵守以下规定：

1）当等电位联结导线的阻抗减小时，或者等电位联结导线的横截面积增加时，等电位联结的有效性将增加。

2）如果两个工厂部件通过屏蔽数据电缆互连，并且其屏蔽层在两端都连接到接地/保护导体上，则额外敷设的等电位联结电缆的阻抗不得超过屏蔽阻抗的 10%。

3）等电位联结导线的横截面必须能够承受最大均衡电流。使用最小横截面积为 16mm^2 的导线实现了两个机柜之间等电位联结的最佳实践效果。

4）使用铜或镀锌钢材质的等电位联结导线。在等电位联结导线与接地/保护导线之间保持大面积接触，并防止被腐蚀。

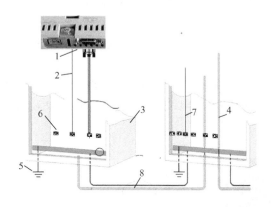

图 1-7 触摸屏 Smart 700 IE 在标准控制柜上的安装示意图

1—触摸屏上的机壳接地端子（实例） 2—等电位联结导线（横截面积：4mm^2） 3—机柜
4—等电位联结导线（横截面积：最小 16mm^2） 5—接地端子 6—电缆夹 7—电压母线
8—平行敷设等电位联结导线和数据线

5）使用合适的电缆夹将数据电缆的屏蔽层平齐地夹紧在触摸屏上，并靠近等电位导轨。

6）平行敷设等电位联结导线和数据电缆，使其相互间隙距离最小。

（3）电源连接 如图 1-8 所示，将两根电源线的一端插入到电源连接器中并用一字螺钉旋具加以固定，将触摸屏连接到电源连接器上，电源线另一端插入到 220/24V 变压器电源端子中并同样固定，注意确保极性连接正确。

（4）连接组态计算机和 PLC

1）触摸屏与计算机连接。基于触摸屏的种类和性能等级不同，组态计算机提供了五种通信模式供选择与之连接通信（详见本项目任务 2）。图 1-9 所示为使用 PC/PPI（MPI）或 USB/PPI（MPI）通信电缆连接触摸屏和组态计算机，将电缆分别连接到触摸屏与组态计算机的 RS485/422 通信端口，该电缆可将输入信号转换为 RS232 信号。用户可操作实现两者组态数据传送，还可以恢复触摸屏为出厂设置而更新操作系统。

图 1-8　电源连接　　　　　　　　　图 1-9　组态计算机连接

2）触摸屏与 PLC 控制器连接。采用带屏蔽功能的双绞线或专用通信缆线连接，如西门子产品采用 IF1B/IF1A 连接头实现触摸屏与 PLC 控制器的连接。

1.1.4　调试触摸屏

在触摸屏通电后，启动期间会显示进度条。图 1-10 所示为 Smart 700 IE 启动界面，多功能高档触摸屏除有"Transfer"（传送）、"Start"（启动）、"Control Panel"（控制面板）按键外，还有"Taskbar"（任务栏）按键，用于在 Windows CE 开始菜单打开时显示 Windows 工具栏。

调试触摸屏步骤如下：

1）触摸图 1-10 所示的"Start"按钮，可打开存储在触摸屏上的工程，运行已装载的工程项目。

2）触摸图 1-10 所示的"Transfer"按钮，将触摸屏切换到"传送"模式（如图 1-11 所示）。如果设备上没有装载任何项目，则触摸屏在启动时将会自动切换到"传送"模式。

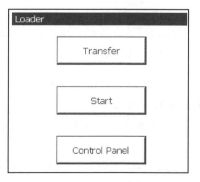　　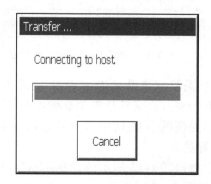

图 1-10　Smart 700 IE 启动界面　　　　　图 1-11　"传送"模式界面

3）触摸图 1-10 所示的"Control Panel"按钮，将打开触摸屏控制面板，如图 1-12 所示，控制面板用于配置各种属性。

4）触摸图 1-12 所示的"OP"图标，可更改屏幕设置，如图 1-13 所示，显示触摸屏相关信息（版本、型号、存储器容量等）、校准触摸屏。

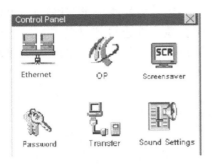

图 1-12　控制面板界面

图 1-13　设备相关属性界面

5）触摸图 1-12 所示的"Password"图标，弹出图 1-14 所示的软键盘，可设置控制面板的口令保护，可以保护装载的程序免遭未经授权的访问。如果操作中忘记了口令，可通过更新操作系统来重新访问控制面板。操作系统更新时，将覆盖触摸屏上的所有数据。

6）触摸图 1-10 所示的"Transfer"图标，可设置数据传输通道，通过设置"Enable Channel"（启用通道）复选框来启用"Channel 1"数据通道对话框，将"Enable Channel"前的复选框按下变为 ☒ 即可（如图 1-15 所示），重按则叉号消失。

必须启用数据通道，才能将项目数据从组态计算机传送到触摸屏中。

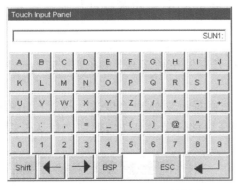

图 1-14　触摸屏 Password 软键盘

图 1-15　设置数据传输通道

注：高档触摸屏的数据传输通道有多种类型，如以太网、HTTP、PROFIBUS、USB、MPI/DP 和串行，实际使用中应根据不同的硬件组态选择相应的通道。

7）触摸图 1-12 所示的"Sound Settings"图标，可打开语音设置窗口，用于设置触摸信号音的音量。

8）触摸图 1-13 所示的"Display"标签，可打开触摸屏的屏幕对比度和开机时滞设置窗口，如图 1-16 所示。

9）如果触摸屏对触摸动作没有做出准确响应，则触摸屏可能需要进行校准。触摸图 1-13 所示的"Device"标签，将出现用于校准触摸屏的"Recalibrate"按钮，如图 1-17 所示。

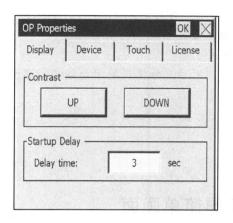

图1-16　对比度和开机时滞设置窗口

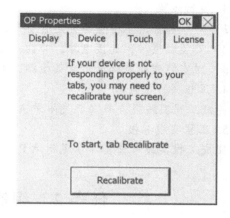

图1-17　触摸屏校准

10）对于上述触摸屏所有操作，关闭控制面板当前界面或取消输入可触摸右上角⊠ 按钮，此操作相当于计算机键盘上的 < Esc > 键；触摸 OK 按钮可保存输入设定内容，此操作相当于计算机的回车键。

目前市场上的西门子高端触摸屏产品，都具有上述类似的使用设置操作。不同品牌的触摸屏产品都可以在使用时，查阅说明书来逐项设定应用。

注意：勿同时触摸显示屏上的多个点，如果操作员同时触摸多个触摸对象或多个键，可能会触发意外动作。使用坚硬、锋利或尖锐的东西或采取粗重的方式操作触摸屏，都可能大大降低其使用寿命，甚至导致完全毁坏，请用手指或触摸笔触摸触摸屏。

【在线开放资源】

人机界面发展动态

1）加入蓝墨云班课——学习者可以在移动终端（手机、平板电脑）上安装"蓝墨云班课"APP软件，注册登录后，使用邀请码（735538 或 331845）加入班课"组态控制技术与应用"→"资源共享开放班"，成功加入班课后便可免费学习本书的数字化在线开放学习资源。

2）中国大学 MOOC 和蓝墨云班课——资源："项目1任务1"调试操作视频和文本类数字化资源（PPT 和评分标准）。

西门子（中国）官网

3）HMI 技术论坛——西门子（中国）官网（http：//www. ad. siemens. com. cn）主页中的"工业支持中心"→"技术论坛"。

【工程实践】　组态一个基于触摸屏的小型 PLC 硬件系统

1. 任务要求

组态一个基于触摸屏的单导轨小型 PLC 控制系统，并通电调试设备。

2. 所需设备

触摸屏一台、电源模块 220V/24V、CPU 模块 224XP/CN、连接器、导轨、螺钉、螺钉旋具、PC/PPI 电缆、万用表和导线若干。

3. 执行步骤

1）对照部件清单检查部件是否备齐，安装导轨，安装电源。

2）安装触摸屏，连接电源，并插入标签条和槽号。

3）对安装完的系统进行电气检测，无误后通电，然后对触摸屏使用功能进行调试。

4. 工程实践报告书

完成工程实践报告书（参见附录 A）。

5. 工程实践考核

完成工程实践考核表（参见附录 B 的表 B-1）。

任务 2　组态触摸屏简单画面

学习目标

1. 熟悉组态软件 WinCC flexible 的各项主要功能。

2. 掌握用组态软件 WinCC flexible 创建简单画面。

3. 掌握将组态工程项目传送至触摸屏中。

知识重点

1. 应用组态软件 WinCC flexible 从工具栏中创建简单画面。

2. 工程项目通信组态。

技能重点

1. 工程项目创建过程。

2. 将工程项目传送至触摸屏。

操作难点

1. 利用组态软件创建工程项目。

2. 将项目传送至触摸屏的操作过程。

建议学时

实训室 4 学时 + E-Learning 2 学时。

任务导入

在触摸屏中创建一幅简单画面。

任务描述

应用组态软件 WinCC flexible 创建一幅简单画面，并传送至触摸屏（Smart 700 IE）中。

【跟我学】

1.2.1　组态软件 WinCC flexible 简介

1. WinCC flexible 组态软件简介

WinCC flexible 是一种视窗下的创新性组态软件，是在早期 Protool 的基础上发展起来的。Protool 是一种基于用户标准计算机的软件，具有通用、灵活、高效等特点，适用于各种工业领域中的机器或小型系统的操控，其组态只适用于单个用户系统；而 WinCC flexible 可以满足多用户到基于网络的工厂自动化控制与监视，且可以兼容 Protool 组态的工程，可以很容易在组态设计中将其转换为 WinCC flexible 工程项目。此外，WinCC flexible 软件还综合了 WinCC 的开放性和扩展性，以及 Protool 的易用性。WinCC 的 V6 及以上版本可以和 WinCC flexible 一起使用，这种兼容性，使得 WinCC flexible 具有其突出的优点：

1）集成了 Protool 的简易性和 WinCC 的开放性，适用于各种人机界面。

2）应用灵活，可嵌入面板与计算机中，多语言全球通用。

3）以机器和过程为导向，包括图形导航和移动的图形化组件等智能工具，可重复使用的面板。

4）可通过网络进行远程诊断、控制和服务。

开放简易的扩展功能：携带有脚本，集成了控件；通过 OPC 进行 D-A 数据交换；可集成到 TCP/IP 网络。

WinCC flexible 功能强大、简单、高效，易于初学者和工程应用人员上手，在创建工程时，通过单击鼠标便可生成触摸屏项目的基本结构。此外，WinCC flexible 还具有丰富的图形库，并通过图形化的组态配置，简化了复杂的工程创建任务。

2. 软件安装

WinCC flexible 是一种大型工程软件，功能强大、使用方便，2008 版软件安装要求计算机必须有 1G 以上主内存，主频最好在 1.6GHz 以上，分辨率为 1024×768 像素或更高。若安装汉化版的软件，计算机应安装 Windows XP 或 Windows 2000 SP4 以上的专业版系统。安装过程和其他应用工程软件相似，将安装光盘插入计算机光驱，按照提示即可操作完成，其安装过程简要步骤如图 1-18 所示。也可通过软盘拷贝的文件夹形式直接安装（**注：该方式安装时，文件应放在硬盘分区的根目录**），安装时遇到的问题可通过西门子公司技术支持网站，找到问题的解决方法。

3. 软件启用

软件安装好后重新启动计算机，双击桌面 ▩ 图标运行，其软件界面如图 1-19 所示（**注：该图已运行过工程，否则启动新安装的软件时项目和最后修改栏内无内容**）。

4. WinCC flexible 用户界面

项目是组态 HMI 控制技术的基础，包括能让系统接受操作和监视的所有组态数据。项目的类型有：单用户项目、多用户项目及用于不同触摸屏的项目。组态数据主要包括：过程画面、变量、报警及记录。

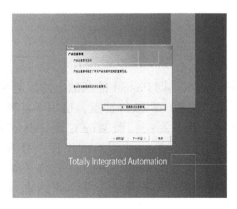

a) 安装简要步骤1

b) 安装简要步骤2

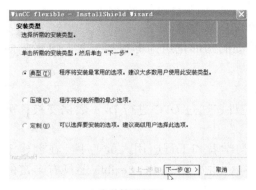

c) 安装简要步骤3

d) 安装简要步骤4

图 1-18　安装简要步骤

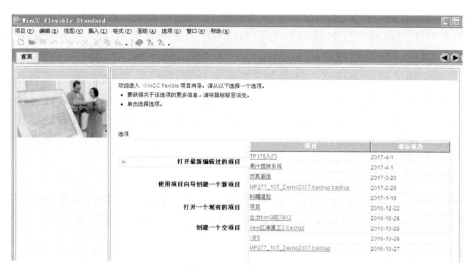

图 1-19　软件界面

图 1-19 所示软件界面的选项包含四种用户项目功能：

1）"打开最新编辑过的项目"：双击该项则弹出右边项目清单（没有则为空白），选定一个项目再双击便可"打开"项目。

2）"使用项目向导创建一个新项目"：WinCC flexible 会自动引导用户一步一步创建完成项目。

3）"打开一个现有的项目"：可在硬盘存储区域找到所需的项目文件夹，单击打开项目。

4）"创建一个空项目"：功能和操作见 1.2.2 小节。

5. 软件界面各项功能

在图 1-19 中，双击"创建一个空项目"，或者在"项目"下拉菜单中单击"新建"，如图 1-20 所示，弹出图 1-21 所示界面，然后在"设备类型"树形链中选择一款触摸屏，如 Smart 700 IE，单击"确定"按钮。

图 1-21 所示设备类型选择确定后，创建项目过程的界面如图 1-22 所示。

1）项目视图：包含了所有组态的元件，生成项目时有些会自动创建，如图 1-22 中"画面_ 1"、"模版"等。

2）工作区域：为用户编辑项目对象，单击 按钮将会关闭当前被打开的编辑区。此区域能同时打开多达 20 个编辑区，可以用 与 按钮来选择相应的编辑区。

3）属性视图：用于设置在工作区中选取的对象属性，输入所需的属性功能和参数量等，按回车键生效，也可将光标移到工作区单击一下生效。

图 1-20 创建一个空项目

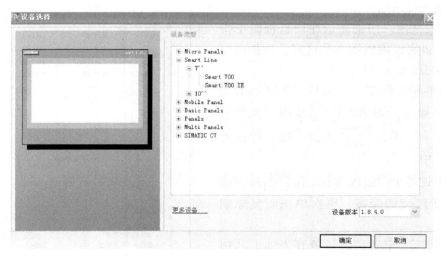

图 1-21 设备类型选择

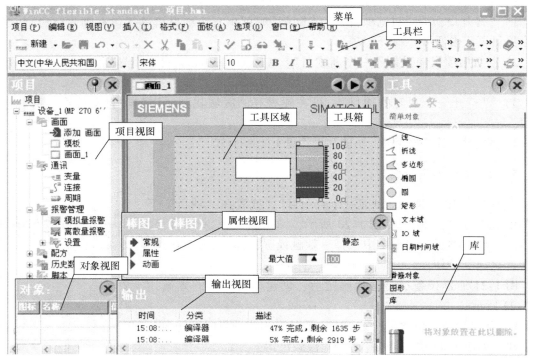

图 1-22 创建项目过程的界面

4）工具箱和库：提供组态画面中使用的各种类型的对象（工业现场器件、设备、厂房等），且对象的种类与触摸屏型号有关，越高档的触摸屏工具箱提供的对象越丰富，组态完的画面越美观。包括简单对象、增强对象、库及面板。

5）输出视图：用来显示项目投入运行之前自动生成的编译和系统警告信息。类似计算机的程序编译提示信息窗口。

6）对象视图：用来显示在项目视图中指定的某些文件夹或编辑器中的内容，例如画面或变量的列表。

7）菜单和工具栏：用来对工作区域的项目进行任务操作，如单击 按钮实现项目离线模拟运行。单击 按钮将项目传送到触摸屏内存中。

单击上述各个功能区的右上角 按钮将实现本功能区域的隐藏，再次单击时复原前状态。

如果图 1-22 中各功能区域在界面上几何位置不规范，可以在菜单栏中选择"视图"/"重新设置布局"，如图 1-23 所示。

图 1-23 重新设置布局

14

【跟我做】

1.2.2 创建一个项目（一幅组态画面）

（1）创建工程 双击桌面 WinCC flexible 的图标 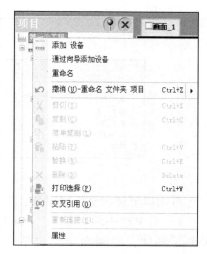，启动软件后，创建一个新的项目（方法请参照上文）。

右击项目视图区中的"项目"/"重命名"可更改名称，图1-24将项目名称修改为"第一个工程"，在菜单栏中选择"项目"/"另存为"，选择保存项目的文件夹，并单击"保存"按钮。

（2）用鼠标创建画面 用鼠标左键按住工具箱中的所选图标（如矩形），拖放到工作区，如图1-25所示，单击矩形框 ，其周围出现8个小正方形，表示选中该图标，此时就可在工作区随意拖动它来改变其位置和大小，也可对其执行删除、复制、剪切等操作。

双击工作区中对象（例如矩形_1），将进入该对象的功能属性设置编辑窗口，如图1-25所示，可在属性、动画中编辑该矩形框的功能，如图1-26所示，双击"外观"打开图1-26所示的编辑栏，单击"边框颜色"右边的下三角箭头，弹出颜色选择设定边框颜色。在图1-26中还可实现对矩形填充颜色、样式、宽度属性的编辑。

图1-24 项目更改名称

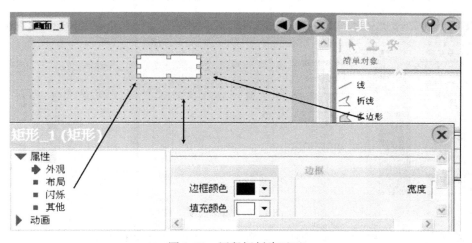

图1-25 用鼠标创建画面

在图1-25中双击"布局"打开图1-27所示的编辑栏，可对矩形框在触摸屏中位置、大小和角半径进行编辑。

鼠标拖放功能可以改变窗口的位置、放大或缩小窗口；将光标放在视图或工具箱的边缘上，当光标变为双向箭头时，就可放大或缩小窗口。

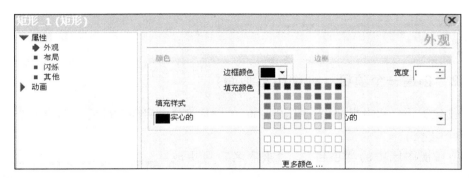

图 1-26　外观编辑

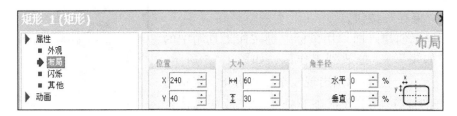

图 1-27　布局编辑

可用以下选项来编辑对象，即编辑项目画面的图形元素，如图 1-28 所示。

1）菜单栏中的"编辑"：可实现剪切、复制、插入和删除对象。如果将一个对象复制到了画面，但画面中已包括一个具有相同名称的对象，那么所复制对象的名称将被更改。

2）菜单栏中的"插入"：可保持插入对象的默认尺寸，或者在插入时自定义它们的尺寸；更改对象的属性，例如大小；定位对象，将对象移动到其他对象的前面或后面。

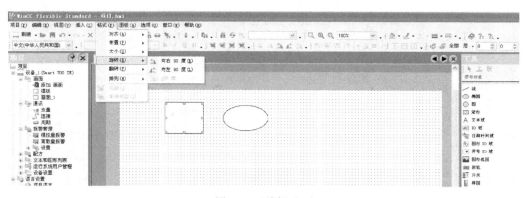

图 1-28　编辑选项

3）菜单栏中的"格式"：可旋转、镜像对象；更改对象的默认属性。

4）菜单栏中的"选项"：可实现插入多个相同类型的对象。同时选择多个对象，重新定位多个对象并调整其尺寸。

（3）模拟运行　组态完的画面项目文件在传送至触摸屏之前，需进行编译模拟运行，只有编译运行无误的项目工程才可传送到触摸屏存储器中。单击工具栏中 按钮，启动模拟运行系统，并提示编译信息，如图1-29所示（**注**：编译输出信息窗口中有红色字符，表示创建的工程有错误）。

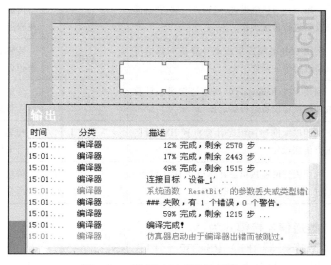

图1-29　模拟运行系统编译信息

小贴士：鼠标常用的操作

在WinCC flexible中，可以右击任意对象以打开快捷菜单，快捷菜单包含了可以在相关状况下执行的命令。几种常用的鼠标操作及功能见表1-1。

表1-1　常用的鼠标操作及功能

鼠标操作	功能作用
左击（单击）	激活任意对象，或者执行菜单命令或拖放等操作
右击	打开快捷菜单
双击（鼠标左键）	在项目视图或对象视图中启动编辑器，或者打开文件夹
鼠标左键 + 拖放	在项目视图中生成对象的副本
CTRL + 鼠标左键单击	在"对象视图"中逐个选择若干单个对象
SHIFT + 鼠标左键单击	在"对象视图"中选择使用鼠标绘制的矩形框内的所有对象

WinCC flexible提供了许多热键以用于执行常用的菜单命令，此处不再一一介绍，感兴趣的读者可查阅WinCC flexible使用手册。

1.2.3　将项目传送至触摸屏中

1. 项目传送类型

编译与模拟运行无误的组态工程，由组态计算机经专用数据线传送到触摸屏中。因触摸屏的功能等级存在差别，因此组态计算机提供了五种通信方式供选择，参见表1-2。

表 1-2　组态计算机与 HMI 通信方式

通 信 方 式	说　　　明	传 输 速 率	适 用 场 合
串口通信	利用串行通信电缆连接组态计算机和触摸屏设备进行传送操作	较慢	传输速率要求不高，传输距离较近
USB 口通信	利用 USB 电缆连接组态计算机和触摸屏设备进行传送操作	较慢	传输速率要求不高，传输距离较近
MPI/Profibus-DP 通信	利用 MPI/Profibus-DP 网络连接组态计算机和触摸屏设备进行传送操作	较快	传输速率高，传输较远，适合大量数据交换
以太网通信	利用以太网连接组态计算机和 HMI 设备进行传送操作	较快	传输速率高，传输距离远，适合大量数据交换
HTTP 通信	利用因特网连接组态计算机和 HMI 设备，通过 HTTP 协议进行传送操作	快	传输速率一般，传输距离远，不适合大量数据交换

工程上常用的三类通信连接模式为：

1）采用 9 针 D 型连接器 IF1A RS-232、IF1B RS422/485，一般低档触摸屏使用较多（在连接电缆时，确保不要将任何连接针脚弄弯，用螺钉固定连接插头。务必使用屏蔽的 SIMATIC 适用的标准电缆。接口的针脚分配参见产品说明书）。

2）采用 USB 口连接器 IF1B RS422/485，中高档触摸屏使用较多。

3）采用通用网口连接方式，在高档触摸屏中使用较多。

2. 项目传送步骤

（1）触摸屏通信设置　用 PPI 电缆连接好触摸屏 Smart 700 IE 与计算机，并通电，显示任务 1 中图 1-10 所示 "loader" 对话框，触按 "Transfer" 按钮，启用触摸屏传送功能。

（2）WinCC flexible 中通信属性设置　单击图 1-22 工具栏中的 ![] ▾ 按钮，弹出图 1-30 所示对话框，在其中设置通信属性：

1）（通信）模式、端口（组态机串口 COM1、COM2 等）、波特率，如模式选择 USB/PPI 多主站电缆。

图 1-30　设置传送通信参数

2）启用"覆盖用户管理"、"覆盖配方数据记录"。

有些触摸屏还有覆盖口令列表和 Delta 传送等功能。若 Delta 传送是默认的设置，则只传送相对于触摸屏上的数据发生变化的组态工程数据，一般很少使用可选择关闭该方式操作。

（3）传送　单击图 1-30 所示"传送"按钮，弹出图 1-11 所示窗口，显示传送进度，实现将组态好的项目传送到触摸屏内存中。

【在线开放资源】

1）中国大学 MOOC 和蓝墨云班课——资源："项目 1 任务 2"组态画面创建方法教学视频、通信与传送操作教学视频和文本类数字化资源。

工控软件发展动态

2）HMI 技术论坛——西门子（中国）官网（http：//www. ad. siemens. com. cn）主页中的"工业支持中心"→"技术论坛"。

3）HMI 技术论坛——西门子（中国）官网（http：//www. ad. siemens. com. cn）主页中的"工业支持中心"→"找答案"。

4）WinCC flexible 网上课堂——西门子（中国）官网（http：//www. ad. siemens. com. cn）主页中的"工业支持中心"→"视频学习中心"。

西门子（中国）官网

【工程实践】　创建一幅简单画面传送至触摸屏中

1. 任务要求

使用 WinCC flexible 组态软件创建一幅简单的静态画面，并将它传送到触摸屏中。

2. 所需设备

触摸屏一台、PC/PPI 电缆、计算机一台。

3. 执行步骤

（1）检查实验系统硬件安装接线。

（2）系统通电。

（3）在计算机上应用组态软件创建一幅简单静态画面。

（4）模拟运行组态画面，传送组态项目。

4. 工程实践报告书

完成工程实践报告书（参见附录 A）。

5. 工程实践考核

完成工程实践考核表（参见附录 B 的表 B-2）。

【知识与技能拓展】

1. 回传

工程实践中，当需要将触摸屏中的项目源文件导入到组态计算机中时，WinCC flexible 软件提供了回传组态，可以方便快捷地实现此项功能。高档触摸屏均可以实现源文件回传操作，在选择设备进行传送的界面中，勾选"启用回传"，然后单击"传送"按钮即可实现这一功能，如图1-31所示。

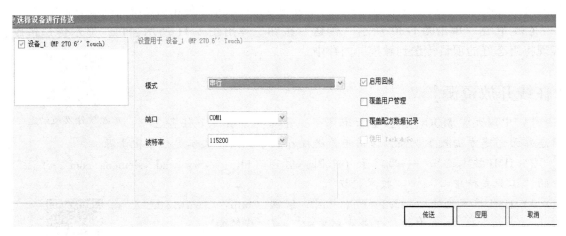

图1-31 回传功能

2. 图形画面模拟

创建图1-32所示的两幅工厂设备画面，分别模拟运行后传送至触摸屏中。

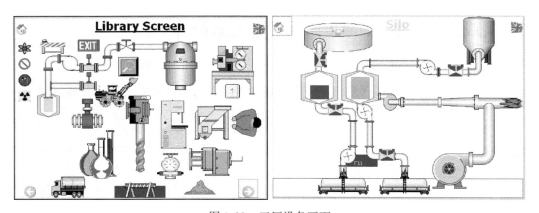

图1-32 工厂设备画面

项目 2　触摸屏监控组态控制设计基础

本项目通过对现代工业生产中触摸屏组态 PLC 控制系统的监控共性归纳提取，构建五个实践工程任务，将复杂的组态控制技术点进行分解设计，介绍了触摸屏组态 PLC 监控中的复杂画面创建、可视化的人机集中操作、调试的方法与技巧，通过对工程任务的知识学习和实践操作，快速准确地掌握触摸屏监控组态技术。

任务 1　触摸屏组态 PLC 开关量控制

学习目标

1. 认识工业领域人机一体化的组态 PLC 开关量控制技术。
2. 掌握文本类画面组态设计。
3. 掌握变量和连接组态设计。
4. 掌握开关类器件功能组态。
5. 掌握触摸屏和 PLC 程序设计及其项目传送。

知识重点

1. 变量种类与功能。
2. 系统函数功能。

技能重点

1. 开关类器件功能组态。
2. 触摸屏中地址分配和 PLC 程序设计。

操作难点

1. 开关类器件变量组态过程。
2. 触摸屏和 PLC 之间的项目传送。

建议学时

实训室 4 学时 + E-Learning 2 学时。

任务导入

电气动力设备的起停在传统的经典控制中一般使用机械开关或按钮来实现通断工作，器件的老化和磨损以及机械故障常会导致控制失败和错误。在现代工业自动化生产中，大量的电气动力设备按照设定的程序执行起动停止工作流程，其可靠性与寿命周期要求更高，传统的控制操作已不能满足要求，使用触摸屏组态 PLC 开关量控制可以很好地解决这类问题。本任务通过触摸屏组态 PLC 控制风机运行来学习和实践这一技术。

任务描述

搭建触摸屏（Smart 700 IE）小型 PLC 控制硬件系统，实现多电机起停控制。

【跟我学】

2.1.1 文本与变量

1. 文本和图形

图 2-1 所示控制画面中各种循环风机、燃烧机等电气动力设备名称的文字符（文本）属于文本域功能组态，文本域是标注符号，用于识别与标识控制画面中的各类对象身份，不具有任何控制意义上的功能，即与系统的程序控制无关系。图 2-1 所示控制组态画面中各种循环风机图形、燃烧机图形属于画面图形组态。

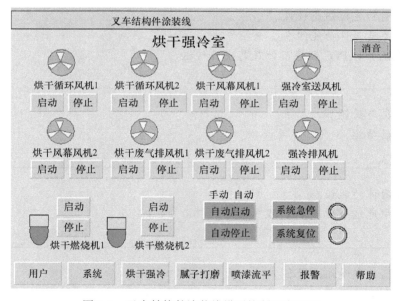

图 2-1　叉车结构件涂装线烘干控制组态画面

一个实际的组态控制应用系统中有时画面对象丰富多彩，这些画面对象按照功能与性质可分为动态和静态两大类：

1）静态对象（例如文本、风机图形等）用于静态显示，只有标签、标注功能，在运行时它们的状态不会变化，不需要变量与之连接，它们不能由 PLC 更新。

2）动态对象（例如启动、停止、急停、复位、腻子打磨和喷漆流平等）的状态受变量的控制，需要设置与它连接的变量，用图形、字符、数字趋势图和棒图等画面对象来显示

PLC 或 HMI 设备存储器中变量的当前状态或当前值，PLC 和 HMI 设备通过变量和动态对象交换过程值和操作员的输入数据。

2. 变量

图 2-1 所示组态画面中启动、停止、系统急停/复位、自动启动/停止按钮属典型的按钮域，它们的功能需组态变量来实现，变量分为内部变量和外部变量。内部变量存储在 HMI 设备的存储器中，与 PLC 没有连接关系，没有地址和符号。内部变量用于 HMI 设备内部的计算或执行其他任务，只用名称来区分，如图 2-1 触摸屏画面中的"用户""系统""报警"与"帮助"按钮等均为内部变量。

外部变量是 PLC 定义的存储单元的映像，其值随 PLC 的程序执行而改变，如启动、停止、急停、复位、手动/自动切换等，紧密联系 PLC 控制器的内部程序工作区地址，是 HMI 与 PLC 之间双向传输的内容。双击项目视图中的"变量"图标，将打开变量编辑器，实现对按钮与开关类变量组态，如图 2-2 所示，可以在变量的属性视图中设置变量的各种属性，包括控制对象变量名称、连接类型、数据类型、变量的 PLC 编程地址、数据传送的采集周期等。

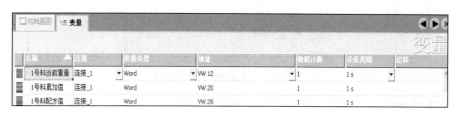

图 2-2 变量编辑器

3. 变量的使用

如果已经为变量设定了起始值，则变量将在运行系统启动时设置为该值。运行时变量值会改变。在运行时，可采用下列方式改变变量值：

1）通过执行系统函数，例如，"SetValue"。

2）通过操作员输入，例如，在 I/O 域中输入。

3）脚本中的数值分配。

4）改变 PLC 中外部变量的值。

更新外部变量的值的方法如下：

1）通常，只要变量在画面中显示或被记录，就会在一个采集周期后进行更新。采集周期确定了 HMI 上变量值更新的周期，既可以采用默认采集周期，也可以设置一个用户自定义周期。

2）当变量设置为"持续更新"时，即使在当前打开的画面中没有该变量，该变量也会在运行时持续更新。例如，该功能用于在数值改变时触发函数列表的变量。

只能将"持续更新"设置用于那些确实必须连续更新的变量，因为变量的频繁读取操作将增加 PLC 与 HMI 通信的负担。

2.1.2 文本域组态

（1）文本域静态属性编辑 左键按住工具栏中的"文本域"，将它拖入到工作区，如

图 2-3 中所示 "文本显示" 四个字符可由属性视图窗口中 "常规" 功能来编辑。文本的字符大小、字体、颜色以及在画面中的位置等可由属性视图窗口中的 "属性" 功能来编辑。

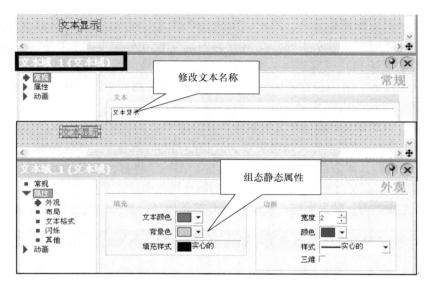

图 2-3　文本域静态属性编辑

（2）文本域动态属性编辑　单击图 2-4 所示 "动画"，弹出属性编辑窗口，先选中 "启用"，然后依次设定 "变量"、"类型" 等。若将 "变量" 设为 "文本闪烁"，则编辑完后启动模拟器运行，会看到图中的 "文本显示" 四个字在闪烁。水平移动、垂直移动等功能将在后续工程任务中介绍。

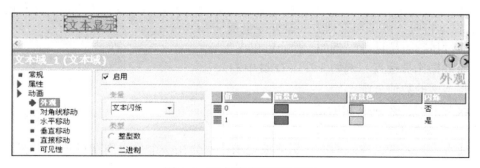

图 2-4　文本域动态属性编辑

【跟我做】

2.1.3　按钮（开关）组态

要实现触摸屏组态 PLC 开关量控制，需要完成触摸屏与 PLC 之间的通信连接组态以及开关与按钮功能组态，其具体组态步骤如下。

（1）连接 PLC 通信组态　要实现触摸屏组态 PLC 开关量控制，必须建立触摸屏与 PLC 之间的通信连接。

● 双击项目视图中"通讯"下的"连接"，如图 2-5 所示，打开"连接"组态视图窗口，此时会自动生成"连接_ 1"，单击"通讯驱动程序"右侧 ▼ ，弹出 PLC 设备类型选择列表，选择"SIMATIC S7-200"，"在线"栏目选择"开"。

● 在"参数"视图窗口中确定通信类型，例如，类型设置为"Smatic"，波特率选择"9600"，网络组态设为"PPI"，PLC 设备地址设为"2"。

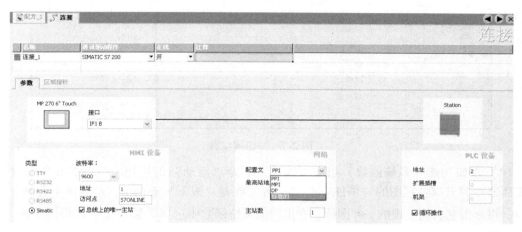

图 2-5　组态通信连接

（2）开关量"变量"组态　要实现触摸屏组态 PLC 开关量控制，还要必须为开关量信号组态"变量"功能，双击项目视图中"通讯"下的"变量"，如图 2-6 所示，在弹出的变量列表中给所有的变量建立"连接"（参照上一步），如图中名称为"启动"的连接为"连接_ 1"，数据类型为"Bool"，地址为"**M0. 0**"，采集周期可选为 100ms、500ms、1s、10s 等。一个控制系统只能有一个连接。

图 2-6　连接变量组态

（3）按钮（开关）的创建　按钮（开关）与接在 PLC 输入端的物理按钮（开关）的功能相同，主要用来给 PLC 提供开关量输入信号，通过 PLC 的用户程序来控制生产过程。

左键按住工具栏中的"按钮"图标，将它拖入到工作区，如图2-7所示。在属性视图中编辑按钮功能，按钮大小、颜色等在"属性"中设置。按钮模式分文本、图形、不可见，先来组态文本型"启动"按钮：选中"文本"，再选择"OFF"状态文本为"启动"（如果选择"ON"状态，可分别设置"OFF""ON"时的文本）。组态文本型"停止"按钮，则选择"OFF"状态文本为"停止"。创建的"启动""停止"两个按钮参见图2-7中所示。

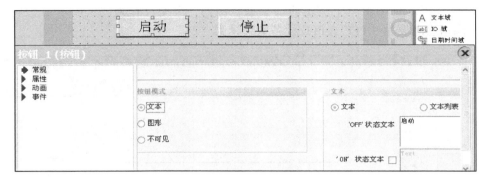

图2-7　按钮域编辑

（4）按钮功能（系统函数）组态　选择文本为"启动"的按钮，按图2-8所示对按钮功能组态。打开属性视图的"事件"的"单击"或者"按下"对话框，然后单击右侧最上面一行，再单击它右侧出现的 ▼ 图标，在出现的系统函数中选择"编辑位"树形链中的"SetBit"（置位）。

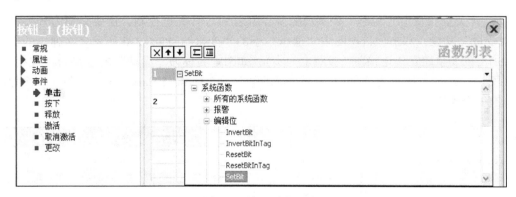

图2-8　按钮功能组态

画面中的按钮和开关变量地址只能与PLC存储区位（如M0.0、V100.1）相匹配，不可与PLC的物理输入（如I0.0）相匹配。

直接单击函数列表中第二行右侧隐藏的 ▼ 图标，如图2-9所示，在出现的变量列表中选择"烘干循环风机1"（假设组态的是图2-1左上角的"烘干循环风机1"），在运行时单击（按下）该"启动"按钮，则将"烘干循环风机1"置位为"1"状态，风机1运转。

"停止"按钮组态时，在出现的系统函数中选择"编辑位"树型链中的"ResetBit"（复位）。在运行时单击（按下）该按钮，则将"烘干循环风机1"复位为"0"状态，风机1停止运转。

图2-9　按钮单击（按下）的变量组态

2.1.4　控制测试运行

在完成2.1.3节后，可实现触摸屏组态PLC开关量的联机运行，此时还要进行用户PLC程序设计，步骤如下：

（1）PLC程序设计　设计的组态PLC程序梯形图如图2-10所示，图2-11所示为无触摸屏组态的梯形图。

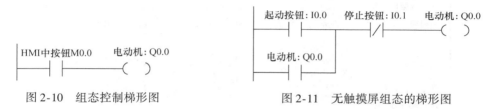

图2-10　组态控制梯形图　　　　　　图2-11　无触摸屏组态的梯形图

由控制梯形图可看出，采用组态控制有时可减少PLC外部输入机械性按钮等，同时PLC的程序设计也随之简化，这也是组态控制先进性的体现。

（2）项目调试　将上述【跟我做】版块的任务模拟运行无误的画面和图2-10所示控制梯形图程序分别传送至触摸屏与PLC中，传送时设置通信速率等参数应和图2-5所示WinCC flexible通信连接组态参数一致。如果调试不成功，应先检查触摸屏与PLC之间的通信连接（PPI）电缆是否连接牢靠，并核对WinCC flexible组态中控制变量地址是否与梯形图中编程的地址一致，然后再次确定触摸屏与PLC各自的通信参数设置是否一致，检查完毕重新下载运行调试。

对不同的工程实践项目而言，通信连接、连接变量、事件函数等应根据实际硬件架构和控制工艺需求来组态，图2-5、图2-6、图2-9仅是举例说明。

【在线开放资源】

1）中国大学MOOC和蓝墨云班课——资源："项目2任务1"的文本与按钮组态过程教学视频和文本类数字化资源。

2）HMI技术论坛——西门子（中国）官网（http：//www.ad.siemens.com.cn）主页中的"工业支持中心"→"找答案"。

3）WinCC flexible网上课堂——西门子（中国）官网（http://www.ad.siemens.com.cn）主页中的"工业支持中心"→"视频学习中心"。西门子（中国）官网

【工程实践】 电动车结构件涂装线组态控制

1. 任务要求

图 2-12 所示的电动车结构件涂装线底漆喷漆室控制界面。自动启动工作时，X 底喷送风机启动 5s 后，X 底喷排风机启动；停止工作时，X 底喷送风机停止 15s 后，X 底喷排风机再停止。底喷风幕风机 1 与 X 底喷送风机同时启动和同时停止工作，底喷风幕风机 2 滞后其5s 启动，滞后 X 底喷送风机 10s 停止。

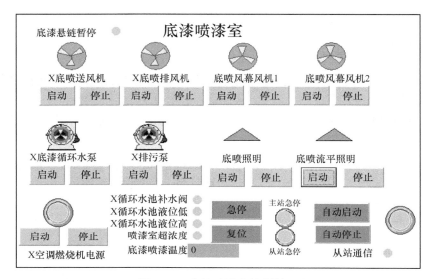

图 2-12 底漆喷漆室控制界面

2. 所需设备

触摸屏一台、电源模块 220V/24V、PC/PPI 电缆、计算机一台。

3. 执行步骤

1）搭建触摸屏 PLC 小型系统并通电测试。

2）创建组态画面。

3）编写梯形图（略）。

4）组态项目模拟运行和传送。

5）调试运行。

① 为便于操作，可定义 PLC 输出位 Q0.0 给 X 底喷送风机，Q0.1 给 X 底喷排风机，Q0.2 给底喷风幕风机 1，Q0.3 给底喷风幕风机 2。

② 将编译无误的画面和梯形图程序分别传送到触摸屏与 PLC 控制模块中。

③ 任务调试运行时，操作触摸屏中组态设备的对应启停按钮，观察 PLC 输出位 Q0.0 ~ Q0.3 的状态指示灯变化。

④ 若调试未能实现点亮与熄灭相应的 PLC 输出位指示灯，首先检查触摸屏与 PLC 模块之间的通信组态中各参数设置是否一致，若无误，则检查组态计算机上画面组态时的变量地址是否与 PLC 梯形图中变量地址一致。将系统掉电后再通电，分别传送检查修改后的项目组态程序，重新调试直至正确运行。

4. 工程实践报告书

完成工程实践报告书（参见附录 A）。

5. 工程实践考核

完成工程实践考核表（参见附录 B 的表 B-2）。

【知识与技能拓展】 图形化开关组态

1. 图形化开关

触摸屏画面中的图形化启停开关（或按钮）用以表征启停开关（或按钮）的工作状态，以及控制对象的工作状态，如图 2-13 所示，当运行时按下"启动"按钮指示灯变绿，按下"停止"按钮时指示灯变红。

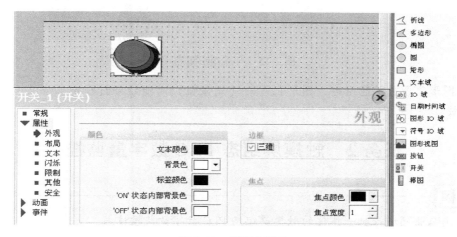

图 2-13　图形化开关

2. 图形化开关组态步骤

（1）创建图形化开关　创建图形化开关（或按钮）等的步骤可参考 2.1.3 节，不同的是在单击属性视图"常规"项中的"设置"栏"类型"右侧的 ▼ 时，在弹出的下拉条目中选择"通过图形切换"，如图 2-14 所示。

图 2-14　组态开关类型设置

（2）开关图形组态　接下来单击属性视图"常规"中的"图形"栏"ON 状态图形"右

侧的 ▼，如图 2-15 所示，在弹出的图形加载列表中选择所需的图形，图中选择的是"3-D green button（pressed）"图形。同样方法设置"OFF 状态图形"，选择"3-D red button（not pressed）"图形，即完成开关图形组态。当运行时按下该开关则指示灯变绿，未按下开关时是红色状态。

图 2-15　开关图形组态

（3）图形化开关功能组态　图形化开关（或按钮）功能组态过程请参考 2.1.3 节，此处不再重述。

任务 2　触摸屏组态 PLC 数字量监控

学习目标

1. 认识工业领域人机一体化的触摸屏组态 PLC 数字量监控技术。
2. 掌握时间 I/O 域组态设计。
3. 掌握数据 I/O 域组态设计。
4. 熟悉图形和符号 I/O 域组态设计。
5. 掌握数字量监控程序设计及其项目传送。

知识重点

1. 数据 I/O 域功能。
2. 人机一体化的数字量监控技术原理。

技能重点

1. 数据 I/O 域组态。
2. 数字量监控程序设计。
3. 按钮设定参数组态。

操作难点

1. 数据 I/O 域组态过程。
2. 触摸屏和 PLC 之间的项目传送与调试。

建议学时

实训室 4 学时 + E-Learning 2 学时。

任务导入

实际运行的系统中，被控物理量参数经常需要在线修改或重新设定控制参数值，触摸屏组态 PLC 数字量参数监控为此功能提供了便利，使操作员和现场工程人员能方便而快捷地实现实时监控，本任务通过构建一化工反应料罐温度参数控制来学习和实践此类功能组态控制技术。

任务描述

在搭建的触摸屏小型 PLC 控制硬件系统上，模拟一化工反应料罐温度参数控制，在触摸屏上设置模拟实验要求的温度。

【跟我学】

2.2.1 数据 I/O 域功能

在使用 PLC 控制的系统领域，当需要在线修改或重新设定控制参数时，可组态触摸屏数据 I/O 域来实现这类控制功能。在图 2-16 所示的温度与流量参数监控画面中，温度和流量值属典型的一类控制系统的 I/O 参数功能组态。此类参数是通过组态 HMI 中的 "I/O 域" 功能来完成的，"I/O 域" 即输入输出域，用来显示 PLC 或 HMI 设备存储器中变量的当前状态或当前值，PLC 和 HMI 设备通过组态变量交换过程值和操作员的输入数据，这是组态控制的核心技术之一。

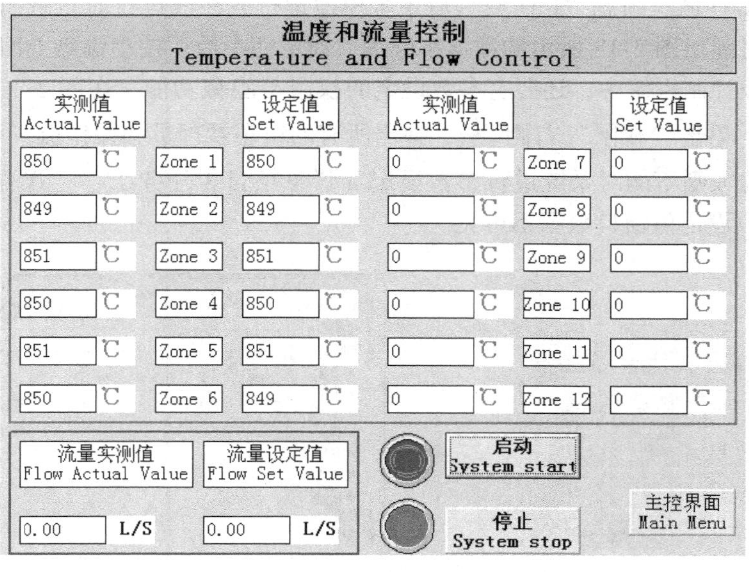

图 2-16 温度与流量参数监控画面

【跟我做】

2.2.2 数据 I/O 域组态

（1）创建 I/O 域 用鼠标左键按住工具栏中的"I/O 域"图标，将它拖到工作区中，如图 2-17 所示，在"I/O 域"的属性视图编辑区中对其"常规""属性""事件"等功能进行组态，如"常规"设置 I/O 域类型，若"模式"选中"输出"，则组态后不可从外界输入参数，I/O 域只输出显示 PLC 中参数；若选中"输入"，则反之；"输入/输出"则可实现输入和显示参数两种功能。

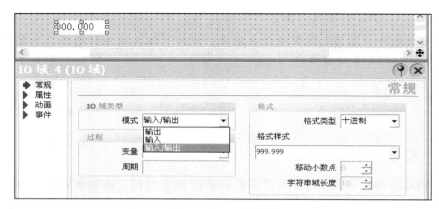

图 2-17　I/O 域组态

"格式类型"用于设置数据结构种类，"格式样式"用于设置样式种类。选择一种格式类型，需组态格式样式，如格式类型选择"十进制"，格式样式为"9999"，则表示显示 4 位有效数字的十进制数。如果格式类型为"浮点数"，则还需设置"移动小数点""字符串域长度"。

（2）运行 I/O 域 组态"I/O 域"后系统模拟运行或在线运行时，触摸图 2-17 屏上参数设置窗口，将弹出图 2-18 所示的数据小键盘，设定完参数后按小键盘上回车键即可确认。

实际的工业控制系统中，还要有参数设定的权限与隐藏功能，在图 2-19 属性视图"安全"编辑区中，单击"权限"右侧 ▼，弹出所有的组态管理员和操作员，可授权给指定的工作人员，其他人则不能对系统进行参数设定（详见项目 3 任务 2）。"操作"中选"隐藏输入"时，参数设定值窗口数据不可见。

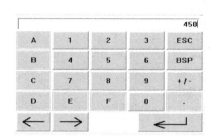

图 2-18　数据输入

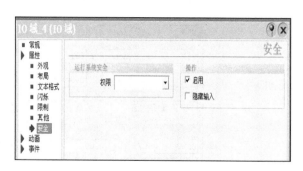

图 2-19　数据安全设定

（3）连接组态　打开组态通信功能中的"连接"编辑窗口，建立一个"连接_1"，在"通讯驱动程序"栏中单击右侧 ▼，弹出可组态的 PLC 类型（如选择 SIMATIC S7 200），"在线"栏中选择"开"，接下来组态触摸屏与 PLC 的连接网络类型（如 PPI）与通信速率等属性，如图 2-20 所示。

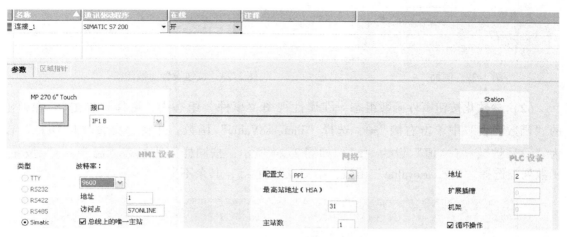

图 2-20　连接组态

（4）变量组态　打开组态通信功能中的"变量"表编辑窗口，如给"一号炉"设定按钮赋予确定的数据类型（如双字 DWord）和地址（如 VD100），PLC 地址采集周期（如选择设定为 1s）；组态触摸屏中变量"一号炉"与 PLC 的连接网络（上一步中创建的连接_1），如图 2-21 所示。

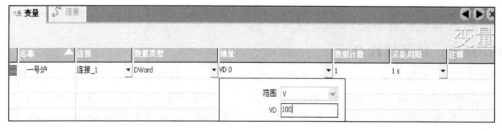

图 2-21　变量组态

（5）梯形图程序设计　上述控制系统的 PLC 梯形图程序设计时，反应罐物料的温度控制工作状态受变量地址（VD100）中的温度值控制，参见【工程实践】部分。

2.2.3　按钮设置参数组态

本项目任务 1 中给出按钮的常规应用组态方法，按钮也可用于输入参数。在图 2-22 所示组态运行的画面中，按下"温度 +5"按钮则输出窗口中数值增加 5，按下"温度 -5"按钮则输出窗口中数值减少 5。按钮输入参数组态过程如下：

（1）创建参数化按钮　将属性视图中"常规"项的"OFF 状态文本"命名为"温度 +5"，如图 2-23 所示。

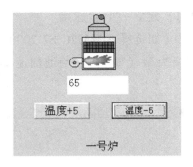

图 2-22　画面　　　　　　　　　　图 2-23　按钮设置参数组态

（2）参数化按钮事件函数组态　在属性视图"事件"组态中，选择"单击"，在弹出的"函数列表"中单击右侧 ▼，选择"IncreaseValue"函数，并将"变量（In Out）"设为"一号炉"，将"值"设为"5"，如图 2-24 所示；按同样方法组态"温度 –5"按钮，函数列表选择"Decreasevalue"函数，给变量赋值 –5，其余不变。

图 2-24　温度事件设置

✎ 小贴士：时间域组态

用鼠标按住工具栏中的"日期时间"图标，将它拖到工作区中，将图 2-25 属性视图"常规"编辑区的"模式"设为"输出"；"格式"选择"显示日期""显示时间"；"过程"选择"显示系统时间"，如选择"使用变量"，则需给定一个控制系统中的物理量，此时被控制对象的工作时间即可在 HMI 中显示。

图 2-25　时间组态

【在线开放资源】

1）中国大学 MOOC 和蓝墨云班课——资源："项目2 任务2"中 I/O 域组态过程中微课视频、工程实践教学视频和文本类数字化资源。

2）WinCC flexible 网上课堂——西门子（中国）官网（http：//www. ad. siemens. com. cn）主页中的"工业支持中心"→"视频学习中心"。

西门子（中国）官网

【工程实践】　化工反应料罐温度参数控制模拟

1. 任务要求

模拟一化工反应料罐温度参数控制，要求在触摸屏上进行温度设置，设定当温度值为 100℃时热泵机组停止工作，PLC 输出位 Q0.0 灭，同时出料阀打开，Q0.1 点亮；当温度值低于 80℃时 PLC 输出位 Q0.0 点亮，同时出料阀关闭，Q0.1 灭，系统显示实时时间。

2. 所需设备

触摸屏一台、电源模块 220V/24V、PC/PPI 电缆、计算机一台。

3. 执行步骤

1）搭建触摸屏 PLC 小型系统并通电测试。

2）组态画面设计。组态完成图 2-26 所示参考画面。

3）PLC 程序设计。设计的组态 PLC 参考程序如图 2-27 所示。

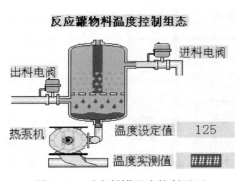

图 2-26　反应料罐温度控制画面

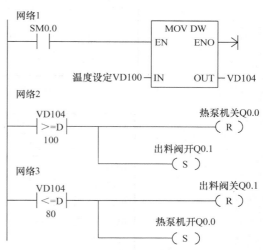

图 2-27　梯形图参考程序

4）调试运行。

① 将编译无误的画面和梯形图程序分别传送到触摸屏与 PLC 控制模块中。

② 单击触摸屏上温度值设置 I/O 域窗口，在弹出的软键盘上输入值 100，在搭建的触摸屏 PLC 小型系统实验台上观察出料阀 Q0.1 输出位是否点亮；将输入值改为 80，观察出料阀 Q0.1 输出位是否灭掉，热泵机工作 Q0.0 输出位是否点亮。

③ 若调试未能实现点亮与熄灭相应的 PLC 输出位指示灯，首先检查触摸屏与 PLC 模块

之间的通信组态中各参数设置是否一致，若无误，则检查组态计算机上画面组态时的变量地址是否与 PLC 梯形图中变量地址一致。将系统掉电后再通电，分别传送检查修改后的项目组态程序，重新调试直至正确运行。

4. 工程实践报告书

完成工程实践报告书（参见附录 A）。

5. 工程实践考核

完成工程实践考核表（参见附录 B 的表 B-2）。

【知识与技能拓展】 工程案例模拟仿真与解读

1. 模拟仿真

模拟图 2-28 和图 2-29 所示数据 I/O 域组态画面功能，按下"开锁"按钮后，可从 Input 栏所示各文本框输入相应类型的数据，同时由 Output 栏对应各文本框输出。

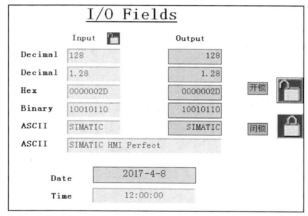

图 2-28 开锁输入画面

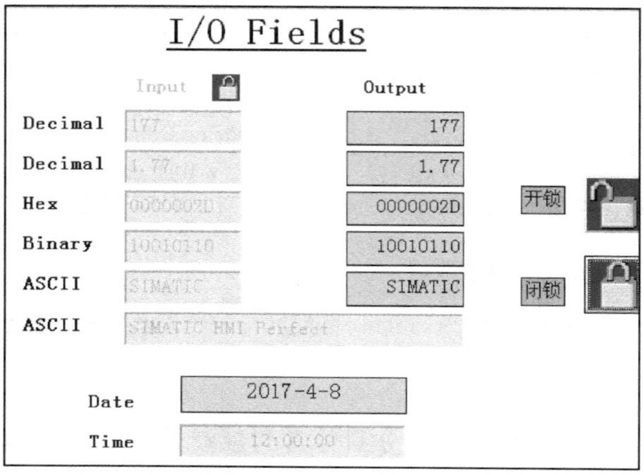

图 2-29 闭锁禁止输入画面

在图 2-28 中按下"闭锁"按钮后，Input 栏各文本框被锁存禁止输入数据，如图 2-29 所示。图 2-29 中的开、闭锁按钮功能组态通过系统函数设置完成，闭锁功能组态如图 2-30 所示。

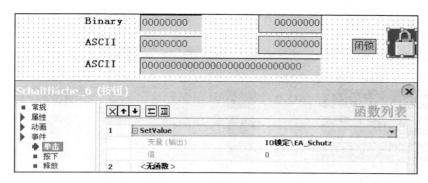

图 2-30　闭锁功能组态

2. 案例解读

在车辆设计制造中,需要对车桥的物理性能进行振动测试,其测试控制界面如图 2-31 所示,根据图示组态画面中的信息解读如下问题:

1)完成图 2-31 所示测试画面设计。

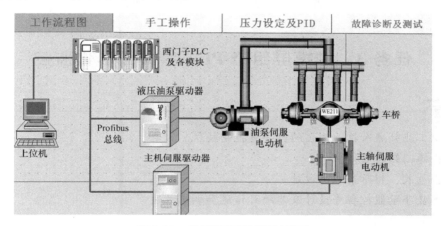

图 2-31　车桥振动测试控制界面

2)在图 2-32 和图 2-33 所示控制画面中,哪些是外部变量?哪些是内部变量?

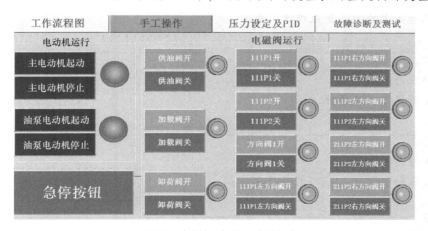

图 2-32　车桥振动测试手工操作

3）在图2-33中共有多少个"I/O"域？可以使用的（西门子PLC）地址类型有几类？

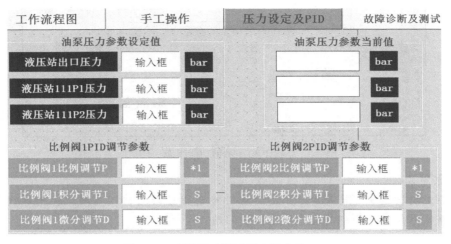

图2-33　车桥振动测试压力设定及PID

任务3　触摸屏组态PLC参数图形化监控

学习目标

1. 认识工业领域人机一体化的数字量控制技术。
2. 掌握棒图组态设计。
3. 掌握量表、指示条组态设计。
4. 熟悉数字量监控程序设计及其项目传送和调试方法。

知识重点

1. 棒图、量表和指示条。
2. 人机一体化的数字量监控技术原理。

技能重点

1. 棒图组态。
2. 数字量监控程序设计。

操作难点

1. 棒图组态过程。
2. 触摸屏和PLC之间的项目传送与调试。

建议学时

实训室4学时 + E-Learning 2学时。

控制系统中的被控物理量参数可以通过图形化的效果来监控，这是现代工业自动化控制领域的先进性体现，在触摸屏中组态被控参数的图形化运行画面，可以让操作员和现场工程人员更加直观地实现实时监控，本任务通过构建硅浆池物料液位监控和火电厂锅炉压力监控组态来学习和实践此类组态控制技术。

组态硅浆池物料液位监控和火电厂锅炉压力监控，在触摸屏操作中可通过按钮或I/O域实时调节液位值和压力值，实现PLC输出控制，并能够在触摸屏中通过图形化画面观测液位和压力变化值。

【跟我学】

2.3.1 棒图、量表及滚动条

图2-34所示的几种指示仪表属典型的滚动条、量表和棒图组态，形象地表征了实际被控系统的运行设备物理状态，可以表示模拟量、数字量输入和输出的大小、快慢、高低等，可以把它们认同为控制系统中监控对象的虚拟物理仪器仪表，其功能是通过组态变量和PLC连接，由PLC程序运行来实现对监控对象的表象。

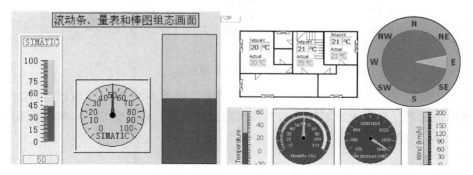

图2-34　滚动条、量表和棒图画面

【跟我做】

2.3.2 棒图、量表及滚动条功能组态

1. 棒图组态

（1）创建棒图　在变量表中创建一个新变量，如整型变量"液位设定值"，将棒图对象从工具栏中拖到工作区，并用鼠标调节其外观大小，如图2-35所示。

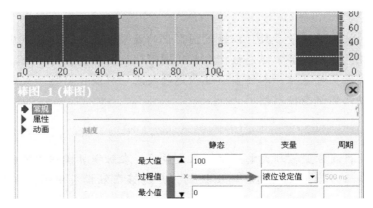

图 2-35　棒图常规组态

（2）常规和外观功能组态　在属性视图的"常规"项中设置棒图连接的变量"液位设定值"，分别设定变量与棒图的最大值和最小值，如设定 100 和 0，如图 2-35 所示。

在属性视图的"外观"项中，可以修改颜色，如图 2-36 所示；在"布局"项中可改变棒图放置的方向、变化的方向和刻度的位置。

图 2-36　棒图外观组态

（3）显示刻度和限制值组态　在"刻度"项中，如图 2-37 所示，可以选择如何显示刻度和显示标记标签，自由设定刻度分辨率和大刻度等份数，修改设定后，棒图的形状会立刻被改变。

图 2-37　棒图刻度组态

在图 2-38 所示的"限制"项中，可以设置上限、下限报警时的颜色，当高于或低于限制值时棒图会改变颜色显示，还可以增加显示限制线和标记。

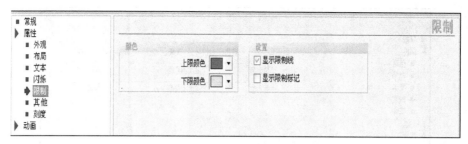

图 2-38　棒图限制组态

2. 量表组态

图 2-34 所示的指示仪"量表"是一类用来显示控制系统运行时的数字值的指针式仪表。组态时在工具栏的增强对象中找到"量表"图标，左键按住拖入工作区，调节其在画面中的大小，在图 2-39 所示的属性视图"常规"项对话框中，可以设置显示的物理量单位。其中，"标签"为量表的编号或名称；"变量"框中赋给一个变量与量表连接。在图 2-39 中还可以设置量表的变量峰值（同棒图的上下限值）和自定义图形背景颜色。

图 2-39　量表"常规"属性组态

在图 2-40 所示的"属性"对话框中，可对量表的外观、布局、文本格式组态；图 2-41 所示在"刻度"对话框中，可设置刻度最大、最小值以及等分度，类似棒图中的刻度组态，高档的触摸屏中量表的组态还可实现多种颜色显示正常范围、警告、危险范围。

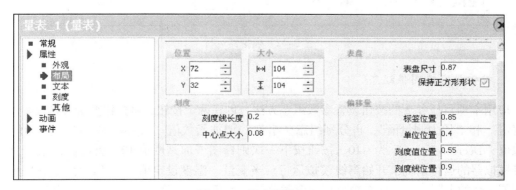

图 2-40　量表属性组态

图 2-41　量表刻度组态

3. 滚动条组态

滚动条用于操作员输入和监控变量的数字值，当需改变被控物理量的当前值时，可移动滑块的位置来改变输入数字值，监控时指示条的滑块位置表示被控物理量的过程值。其组态方法和棒图、量表完全类似。

2.3.3　离线模拟运行与按钮设定棒图值组态

1. 离线模拟运行

组态好的棒图、量表及滚动条可离线模拟观看效果，单击 WinCC flexible 工具栏中的![按钮]按钮，启动带模拟器的运行系统，在弹出的模拟运行表中，如图 2-42 所示，创建"温度设定值"和"压力测量值"两个变量，分别设为"增量"方式（"模拟"中还有正弦、随机和位移动方式）。变量的周期设为"10.000"s，如果变量物理值是 0 到 100，则表示变量每秒的变化为 10%。选中最右端的开始框，改变变量的周期观看运行效果。

变量	数据类型	当前值	格式	写周期(秒)	模拟	设置数值	最小值	最大值	周期	开始
压力测量值	INT	50	十进制	1.0	增量		0	100	10.000	☑
温度设定值	INT	50	十进制	1.0	增量		0	100	10.000	☑
* ---										☐

图 2-42　模拟器运行

2. 按钮设定棒图值组态

应用本项目任务 2 的按钮设置参数组态方法，创建两个按钮，将按钮变量分别设为"温度设定值"和"压力测量值"，再分别组态"事件"增加函数值"IncreaseValue"为 +10，减少函数值"DecreaseValue"为 -10，按钮按下一次则棒图增加刻度值 10，反之操作减少 10，启动带模拟器的运行系统，开始离线模拟运行。当变量"温度设定值"、"压力测量值"的值超出棒图 100 的上限值时，棒图中出现一个黄色的向上箭头，提醒操作人员变量值超限。

梯形图程序设计、系统调试运行方法同本项目任务 2，具体设计在此不细述。

【在线开放资源】

1）中国大学 MOOC 和蓝墨云班课——资源："项目 2 任务 3"
中的组态过程中微课视频和数字化文本资源。

2）WinCC flexible 网上课堂——西门子（中国）官网（http：//
www. ad. siemens. com. cn）主页中的"工业支持中心"→"视频学习
中心"。

西门子（中国）官网

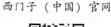

水箱温度组态控制应用

【工程实践】

2.3.4 硅浆池物料液位监控

1. 任务要求

硅浆池物料液位监控的液位指示仪实现动态显示物料液位变化值，当液位高度大于等于
85 单位值时，用 PLC 的输出位 Q0.4 点亮表示上限警告；低于 50 单位值时，用 PLC 的输出
位 Q0.5 点亮表示下限警告。

2. 所需设备

触摸屏一台、电源模块 220V/24V、PC/PPI 电缆、计算机一台。

3. 执行步骤

1）组态画面设计。组态完成画面参见图 2-43 所示。

2）PLC 程序设计。设计的组态 PLC 参考程序如图 2-44 所示。

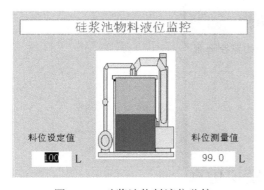

图 2-43　硅浆池物料液位监控

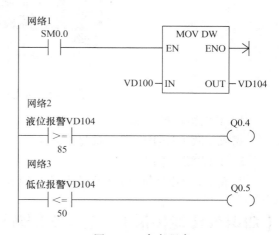

图 2-44　参考程序

3）调试运行。

① 将编译无误的画面和梯形图程序分别传送到触摸屏与 PLC 控制模块中。

② 单击触摸屏上料位设定值 I/O 域，在弹出的软键盘上输入值"100"，观察 PLC 输出
位指示灯 Q0.4 是否点亮；修改料位设定值为"40"，观察 PLC 输出位 Q0.5 是否点亮。

4. 工程实践报告书

完成工程实践报告书（参见附录 A）。

5. 工程实践考核

完成工程实践考核表（参见附录 B 的表 B-2）。

2.3.5 火电厂锅炉压力监控组态

1. 任务要求

锅炉工作压力范围为 1000～3000kPa，工作中可通过按钮实时调节压力值。当压力值大于或等于 2900kPa 时，用 PLC 的输出位 Q0.0 控制关断燃烧装置，同时发出超压信号报警；低于 1500kPa 时，用 PLC 的输出位 Q0.1 控制启动燃烧装置，同时发出低压信号报警。

2. 所需设备

触摸屏一台、电源模块 220V/24V、PC/PPI 电缆、计算机一台。

3. 执行步骤

1）组态画面设计。组态完成图 2-45 所示的火电厂锅炉压力监控参考画面。

2）设计 PLC 程序。

3）项目运行。

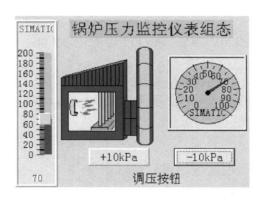

图 2-45　火电厂锅炉压力监控画面

4. 工程实践报告书

完成工程实践报告书（参见附录 A）。

5. 工程实践考核

完成工程实践考核表（参见附录 B 的表 B-2）。

【知识与技能拓展】　工程案例解读与模拟仿真

1. 案例解读

图 2-46～图 2-50 所示为某化工混合搅拌反应组态控制画面，根据图示组态画面内容解答下列问题：

1）该化工混合搅拌反应组态控制画面中共有多少个数据 I/O 域？该组态控制中组态变量有多少个？

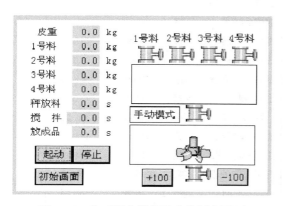

图2-46 化工混合搅拌反应控制主画面

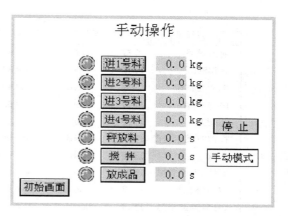

图2-47 手动操作画面

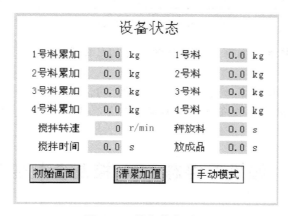

图2-48 设备状态画面

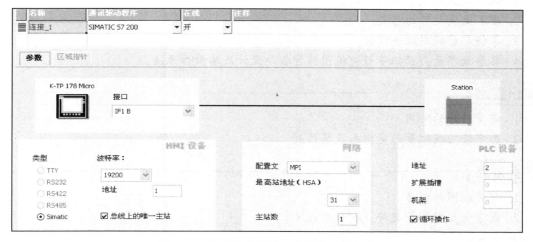

图2-49 化工混合搅拌反应通信连接组态

2）该组态控制中（图2-49所示）使用了哪种PLC？所用通信网络类型是哪种？

3）该组态控制画面中使用了PLC的I/O点数是多少？

名称	连接	数据类型	地址
搅拌转速测量值	连接_1	Word	VW 10
放成品时间	连接_1	Word	VW 68
放成品按钮2	连接_1	Bool	M 0.1
进1号料按钮2	连接_1	Bool	M 0.3
放成品时间设…	连接_1	Word	VW 40
进1号料阀	连接_1	Bool	Q 0.5
1号料累加值	连接_1	Word	VW 20
进3号料按钮2	连接_1	Bool	M 0.5
进4号料按钮2	连接_1	Bool	M 0.6
秤放料时间设…	连接_1	Word	VW 38
秤放料时间	连接_1	Word	VW 64
自动/手动开关	连接_1	Bool	I 0.0
停止按钮2	连接_1	Bool	M 1.0

名称	连接	数据类型	地址
配方编号	连接_1	Word	VW 6
搅拌时间	连接_1	Word	VW 66
混合仓料位	连接_1	Word	VW 44
IW替代值	连接_1	Word	VW 62
写配方	连接_1	Bool	M 1.2
搅拌时间设定值	连接_1	Word	VW 36
皮重	连接_1	Word	VW 46
2号料当前重量	连接_1	Word	VW 14
进2号料阀	连接_1	Bool	Q 0.6
1号料当前重量	连接_1	Word	VW 12
3号料配方值	连接_1	Word	VW 32
3号料累加值	连接_1	Word	VW 24

图 2-50　组态变量列表

4）该组态控制中数据类型有几种？变量占用 PLC 哪几类存储区？

2. 案例模拟仿真

1）模拟实现手动操作画面功能（如图 2-47 所示）。

2）模拟实现图 2-48 所示设备状态画面操作功能，按下"清累加值"按钮，1～4 号料累加值被清零。

任务 4　触摸屏组态 PLC 控制参数变化趋势

学习目标

1. 认识工业领域触摸屏图形化监控技术。

2. 理解变量趋势的意义。

3. 掌握趋势视图组态设计。

4. 熟悉数字量与模拟量趋势视图监控程序设计及其操作方法。

知识重点

1. 变量趋势的功用。

2. 数字量与模拟量趋势组态及其区别。

技能重点

1. 趋势视图的创建。

2. 数字量与模拟量趋势监控程序设计。

操作难点

1. 趋势视图组态过程。

2. 触摸屏和 PLC 之间的项目传送与调试。

实训室 4 学时 + E-Learning 2 学时。

任务导入

实际控制系统中的被控物理量参数变化信息是在不断更新的，操作员或工程人员时常需要监控其过去、当前以及预测未来的变化状况，这就是组态趋势功能，在触摸屏中组态被控参数的变化趋势视图运行画面，可以让操作员和现场工程人员更加直观地获取不断更新的变量信息，实现实时监控。本任务针对一火电厂空气输送站的控制参数趋势组态工程来学习和实践趋势视图功能组态控制技术。

任务描述

模拟一火电厂空气输送站的气压参数趋势视图监控，在触摸屏操作中可通过按钮或 I/O 域实时调节气压参数值，实现 PLC 输出控制，并能够在触摸屏中通过图形化画面观测空气输送站的气压参数变化趋势。

【跟我学】

2.4.1　趋势

1. 趋势的概念

趋势是控制变量在运行时所采用的图形化表示，不同于前文中组态棒图功能，趋势可以记录过去和当前控制变量值，并可以预测未来时间的变量值变化情况，这是棒图所不具有的功能，也正是组态趋势的功用之处。为了显示趋势，可以在项目的画面中组态一个趋势视图，如图 2-51 所示，这样在运行时，可以以趋势的形式将变量值输出到操作员设备 HMI 的组态画面中。

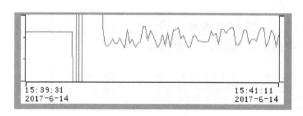

图 2-51　HMI 中的趋势视图

不难看出趋势视图是一种动态显示对象，如果 HMI 设备支持，趋势视图可以持续显示实际的过程数据和记录中的过程数据，显示的数据包含两类：

1）来自 PLC 的当前值，可以用来自 PLC 的单个值（实时显示）连续显示趋势，或用来自 PLC 的两次读取过程之间存储在缓冲区中（间隔显示）的所有值连续显示趋势。

2）记录的变量值，在运行时，趋势视图将显示来自数据记录的变量值。趋势视图在特定窗口中及时显示所记录的值。操作员可以及时切换窗口，以查看所期望的信息（所记录的数据）。

2. 趋势的类型

按照所显示的值以及触发方式的不同，趋势可以分为四种：
1）带有缓冲数据采集的位触发的趋势。
2）实时位触发的趋势。
3）脉冲触发的趋势（实时周期触发）。
4）显示记录值。

【跟我做】

2.4.2 创建趋势视图

（1）创建趋势视图 在工具栏的增强对象中将"趋势视图"拖到工作区，如图 2-52 所示，并通过鼠标调整趋势视图的位置和大小直到满足需求为止。

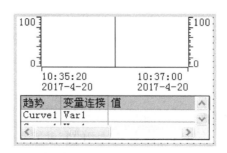

图 2-52 创建趋势视图

（2）趋势视图常规功能组态 单击图 2-52 所示的视图，弹出图 2-53 所示的趋势视图编辑区，其"常规"组态条目有：
1）选择按钮栏样式，设置数值表显示的行数。
2）选择是否显示数值表、标尺以及表格线。

图 2-53 趋势视图中"常规"设置

（3）趋势视图"X轴"功能组态　"X轴"功能组态设置如图2-54所示：

1）设置X轴显示模式为"时间"。

2）选择新值来源方向为"居右"，即曲线运动方向向左。

3）选择在X轴显示刻度及标签。

4）设置X轴显示的时间间隔，如"100"s。

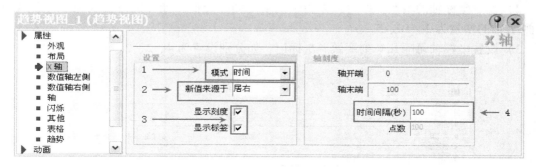

图2-54　设置X轴显示模式

（4）趋势视图"按钮"功能组态　趋势视图中"按钮"功能组态条目如图2-55所示，各按钮功能如下：

● 单击 ⊕ 按钮，可扩展趋势曲线。

● 单击 ⊖ 、 按钮可压缩趋势曲线、隐藏标尺。

● 单击 ■ 按钮可停止或继续趋势记录。

● 单击 ◄◄ 按钮可向后翻页到趋势开始处，单击 ◄◄ 、 ►► 按钮可向后、向前滚动一个宽度。

● 单击 、 按钮可向前、向后移动标尺。

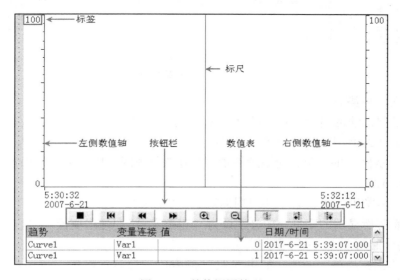

图2-55　趋势视图外观

注：在高档 HMI 设备中，按钮功能丰富，低档 HMI 中可组态的按钮较少。实际的工程项目组态控制中，可根据要求合理选择 HMI。

（5）趋势视图"轴"功能组态　趋势视图中"轴"功能组态如图 2-56 所示，可设置如下内容：

1）选择在 X 轴左、右侧 Y 轴上分别显示刻度值。

2）设置坐标轴的增量，即每相邻两个刻度之间的差值，如分别设置 X 轴、左侧 Y 轴、右侧 Y 轴的增量为 2、10、5。

3）设置坐标轴每隔几个刻度做一次标记，如分别设置为 4、2、2。

图 2-56　设置坐标轴共有属性

（6）趋势组态　单击属性视图中"趋势"，如图 2-57 所示，建立两个新的趋势，如分别命名为"正弦趋势""递增趋势"，可组态的条目有：

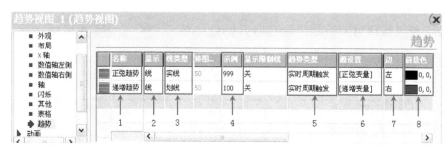

图 2-57　建立两个新的趋势

1）为新建的趋势命名。

2）设置趋势曲线的显示形式，可设为线、棒图或点型。

3）设置曲线的类型，分别为实线、划线。

4）设置"示例"的数值，所谓示例指的是在趋势视图中所显示的采样点的个数，如分别设置为 999、100。

5）设置趋势类型，可设为"实时周期触发""记录"。

6）设置趋势所显示的变量，如分别设为"正弦变量""递增变量"。这里的两个变量是在变量表中创建的两个"float"型的变量。

7）设置"正弦趋势"的值，如由"左"侧数值轴标定；设置"递增趋势"的值，如由"右"侧数值轴标定。

8）设置两条趋势曲线的颜色，如分别为黑色和蓝色。

2.4.3 运行趋势视图

（1）模拟运行 单击工具栏中的"启动带模拟器的运行系统"按钮 ，弹出如图 2-58 所示窗口，分别设置格式、写周期、模拟变化方式、最大值、最小值、周期值，选中开始框，即可进行离线模拟运行。

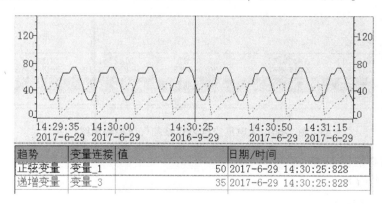

变量	数据类型	当前值	格式	写周期（秒）	模拟	设置数	最小值	最大值	周期	开始
正弦变量	REAL	69.2...	十进制	1.0	Sine		25	75	25.000	☑
递增变量	REAL	18	十进制	1.0	增量		0	50	50.000	☑
---										☐

图 2-58　模拟运行器

在图 2-58 所示的模拟运行器中设置"正弦变量"按正弦（Sine）规律在 25～75 之间变化，写周期为 1s，周期为 25s。"递增变量"按增量规律在 0～50 之间变化，写周期为 1s，周期为 50s。启动这两个变量运行一段时间得趋势曲线，如图 2-59 所示。

图 2-59　模拟运行曲线

（2）在线运行 实际的控制系统在运行时，HMI 中趋势视图描述的是带有缓冲数据采集的位触发的趋势，显示数据记录值以及实时周期触发的趋势，如工业现场传感器采集的开关量和模拟量数据值，经 PLC 模块转换处理后，分别通过编程地址单元中的"位"值和"变量"值实现和 HMI 交互式传递，从而实现趋势视图描述物理量变化的功能。

【在线开放资源】

1）中国大学 MOOC 和蓝墨云班课——资源："项目 2 任务 4"中的组态数字化文本资源和组态过程中的微课视频。

2）WinCC flexible 网上课堂——西门子（中国）官网（http://www.ad.siemens.com.cn）主页中的"工业支持中心"→"视频学习中心"。

电拖调速组态监控

西门子（中国）官网

【工程实践】 火电厂空气输送站的气压趋势视图监控模拟

1. 任务要求

模拟一火电厂空气输送站的气压参数趋势视图监控，在触摸屏操作中可通过 I/O 域实时调节气压参数值，实现 PLC 控制高压 $6.5 \times 10^5 Pa$ 和低压 $5.0 \times 10^5 Pa$ 报警输出，并能够在触摸屏中通过图形化画面观测空气输送站的气压参数变化趋势。

2. 所需设备

触摸屏一台、电源模块 220V/24V、PC/PPI 电缆、计算机一台。

3. 执行步骤

组态画面设计。

1）组态完成图 2-60 所示的气压趋势视图监控画面。

图 2-60 火电厂空气输送站的气压趋势视图

2）设计 PLC 程序（略）。

3）调试运行（略）。

4. 工程实践报告书

完成工程实践报告书（参见附录 A）。

5. 工程实践考核

完成工程实践考核表（参见附录 B 的表 B-2）。

任务 5 触摸屏组态动画控制

学习目标

1. 认识人机一体化的组态画面设计。

2. 掌握矢量对象功能组态。

3. 掌握矢量对象与变量关联组态设计。

4. 熟悉监控程序设计及其项目传送和调试方法。

1. 图形对象的动态属性。
2. 矢量对象功能。

技能重点

1. 矢量对象功能组态。
2. 复杂图形创建。

操作难点

1. 矢量对象功能组态过程。
2. 触摸屏和 PLC 之间的项目传送与调试。

建议学时

实训室 4 学时 + E-Learning 2 学时 + 课后 4 学时。

任务导入

实现丰富多彩的电气与机械设备动画监控效果是现代工业自动化控制领域的先进性体现，在触摸屏中组态被控对象的动态运行画面，可以让操作员和现场工程人员更加直观地实现实时监控。本任务通过构建一自动运料小车组态控制任务来详细地学习和实践此类功能组态控制技术。

任务描述

针对工业控制企业生产线上运输工程的需要设计一自动运料小车组态控制，按下启动按钮小车在触摸屏画面中来回动态运行，按照生产流程执行动作，按下停止按钮要求小车回归起始位置。

【跟我学】

2.5.1　动态画面功能

1. 动画功能

图 2-61 所示球和方块的左右运动是一种动画组态。

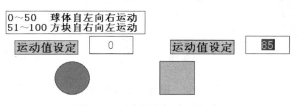

图 2-61　图形对象动画组态

WinCC flexible 有非常强大的动画组态功能，不但可以实现画面对象的移动，改变画面对象的形状和大小，还可以利用图形 I/O 域和图形列表，实现更为丰富多彩的动画效果，被广泛应用在控制设备中的正反转、电动机风扇旋转、泵阀的执行动作和自动化生产线运行中。

2. 图形对象动态属性

WinCC flexible 可以将动态属性分配给任何图形对象，可组态的选项有：

1）改变对象外观：颜色或闪烁属性。

2）将画面对象变成动画。

3）对象被显示或隐藏。

4）对象的操作员控制（例如单击）被启用或锁定。

5）对象的操作员控制触发某些用于执行函数列表的事件。

按照动态对象运行的效果可分为：单幅画面的对象动画显示和多幅画面对象切换的动画显示。

【跟我做】

2.5.2　单一图形动画功能组态

单一图形动画功能组态，是指被监控的物理对象在 HMI 组态中的几何位置随着控制过程改变，而图形自身结构与形态不变，其组态方法如下。

（1）创建矢量对象　首先建立控制对象（如内部变量 position1）和连接，如图 2-62 所示，选择"矩形""圆"分别按住鼠标左键拖到工作区中，将"启用"打钩，并在"属性"项中组态其大小和在工作区中的位置。

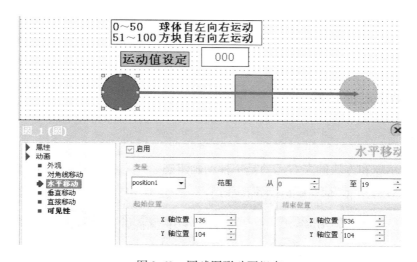

图 2-62　圆球图形动画组态

在图 2-62 所示的属性视图"动画"项中可组态圆球的运动形式,比如"水平移动",接下来"启用"圆球图形的内部变量,并组态运动范围与位置参数。

(2)矢量对象组态　接下来组态"可见性",即组态圆球移动过程是否可见,同时定义圆球移动的位移量,即组态数据类型的"范围",如从"0"到"50",如图 2-63 所示。

图 2-63　圆球图形动画可见性组态

(3)复杂单一图形动画组态　对于 WinCC flexible 工具栏中没有的电气元器件等图形,可以使用由外部图形编辑器创建的图形。要使用这些图形,必需将其存储在 WinCC flexible 项目的图像浏览器中。采用如下方法创建和保存图像浏览器中的图形:

1)如果将图形对象从"图形"对象组拖放到工作区,这些对象将自动存储在图像浏览器中。图形名称将按其创建顺序编号,例如 Image_ 1,使用 <F2> 键可重命名图形。

2)可以使用以下格式的图形文件:＊.bmp、＊.dib、＊.ico、＊.emf、＊.wmf、＊.gif、＊.tif、＊.jpeg 或 ＊.jpg,创建的图形可存放在 WinCC flexible 项目图像浏览器的"库"中,"库"是画面对象模板的集合,增强可用画面对象的采集功能并提高设计效率,存放在"库"中的对象,如面板、电气设备组合图形和图 2-64 所示的小车画面组态等,可以重复使用而无需重新组态,以便在工程应用中便捷调用。

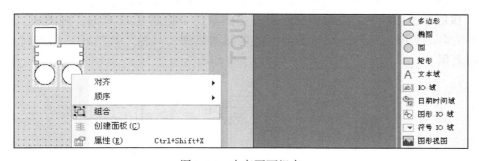

图 2-64　小车画面组态

3)动态图形颜色组态,在"动画"设置中选外观"启用"后,可根据运动范围分段设定小车在不同运行阶段以不同颜色显示,如在 0 到 104 数值内组态 5 种颜色,如图 2-65 所示。

(4)模拟运行　启动模拟运行系统,如图 2-66 所示,在模拟表中创建"小车位置"变量,可分别改变变量的写周期、当前值、设置数值及模拟类型,观看运行效果。

如变量"小车位置",设为增量方式,最大和最小值为上述 104 与 0,写周期设为 1s,

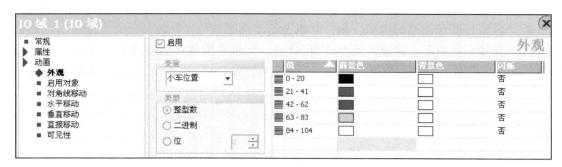

图 2-65　小车动画属性组态

变量	数据类型	当前值	写周期(秒)	模拟	设置数值	最小值	最大值	阈值
小车位置	INT	-11001	1.0	移位 ▼				
---				增量				
				减量				
				移位				
				\<Display\>				

图 2-66　模拟运行表

增量变化周期为 15 s，则小车运行时的画面情况：从左往右运行，前景色和背景色按图 2-65 所示的设置变化。

2.5.3　序列化多图形动画功能组态

在单一图形动画组态基础上，可以通过组态"图形列表"功能，实现更为复杂且丰富多彩的动态控制画面，如电动机风扇运转、接触器的断与合以及工业现场控制机器人的复杂动作过程等。它们的共同点是监控过程中图形自身结构与形态发生变化，这就是序列化多图形动画功能组态。下面以组态交流接触器控制动作来介绍该组态过程。

（1）接触器图形绘制　接触器图形可在绘图软件中绘制（如 Visio，画图板），图 2-67 为绘制好的电动机停、正转、反转图形，将它们加载到工具栏"库"中，组态时通过图形列表即可调用。

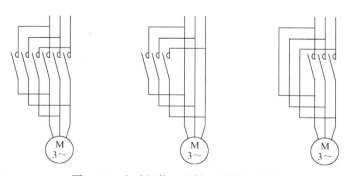

图 2-67　电动机停、正转、反转电气图

（2）图形列表组态　首先，双击组态功能区域中的"图形列表"打开其组态界面，如图 2-68 所示，创建一个列表，如"图形列表_ 2"，并选择范围，如 0～31。

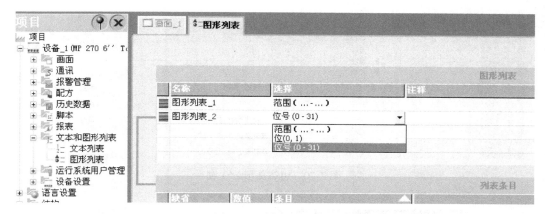

图 2-68　创建图形列表

其次组态"列表条目",如图 2-69 所示,该过程组态的内容有:分配一个数值,如图 2-69 中条目一组态数值"0"对应"电动机停"接触器,再给条目加载停止接触器图形(鼠标单击条目栏右端,弹出设置框,选择图形符号后单击图中"设置"按钮即可,"清除"按钮可取消加载);按此操作,分别组态数值"1"对应"电动机正转"接触器,给其条目加载正转接触器图形;组态数值"2"对应"电动机反转"接触器,给条目加载反转接触器图形。

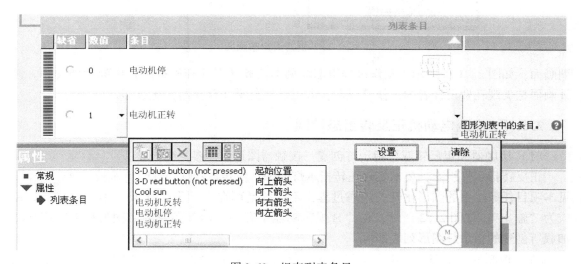

图 2-69　组态列表条目

(3)图形列表 I/O 域组态　在画面工具栏中,将"图形 I/O 域"拖入画面中,在其属性窗口对其功能组态,如图 2-70 所示,在"常规"项中选择模式为"输出",选择所显示的图形列表"图形列表_2",并选择组态变量"接触器"。

(4)图形列表 I/O 域运行　类同 2.5.2 单一图形动画功能组态中的步骤(4)"模拟运行",在此不再赘述。

应用序列化多图形动画功能组态,可以形象地实现工业控制对象的复杂动作过程,如工业机器人的复杂动作过程可视化组态中,有时要在列表条目中组态数十幅机器人不同动作序

图 2-70　组态图形 I/O 域

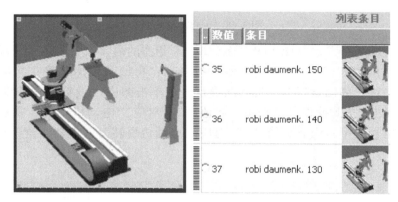

图 2-71　机器人组态画面

列画面，如图 2-71 中所示，动作过程组态详见本任务【在线开放资源】中的动作视频。设计画面越美观耗费设计者的工作量越多，占用设备资源（存储器）也越多。

2.5.4　交流电动机正反转组态控制

（1）接触器和正反转双色指示灯创建　接触器图形组态参见 2.5.3 节。

正反转指示灯组态，要求实现正转指示灯变绿、反转指示灯变红颜色显示，具体操作参见本项目任务 1 中的图形化开关组态过程，不同的是可在"图形 I/O 域"中选择指示灯模式为"输出"，如图 2-72 所示，在"常规"功能组态"显示"条目的"图形列表"中选择加载所创建的指示灯图形列表即可。

（2）控制变量组态　控制电动机正转、反转、停止接触器和风扇均赋予各自变量，如图 2-73 所示变量参考表，表中的名称栏为组态变量对象，接触器与风扇是内部变量不需与PLC 连接，开关与按钮类对象数据类型为 Bool 型，图中停止、电动机正转和电动机反转的组态变量地址分别为 M0.2、M0.0 和 M0.1，在 PLC 程序设计时要使用这些地址。工程实践中组态创建时的地址、采集周期等可根据实际需要选择设定。

（3）变量事件函数组态　变量和画面中的正转、反转、停止按钮以及接触器、指示灯图形的对应关联组态，是通过组态各自的事件函数来实现的，例如组态正转按钮事件，将"单击"或"按下"功能选择事件"SetBit"，同时将反转按钮事件组态为"ResetBit"，再将图形列表事件设置值"1"即对应正转接触器。组态反转按钮事件只需变更一下正转中的事

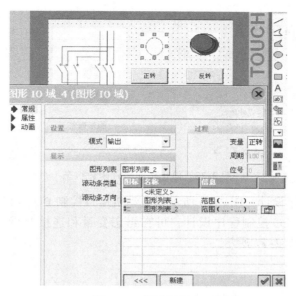

图 2-72 指示灯组态

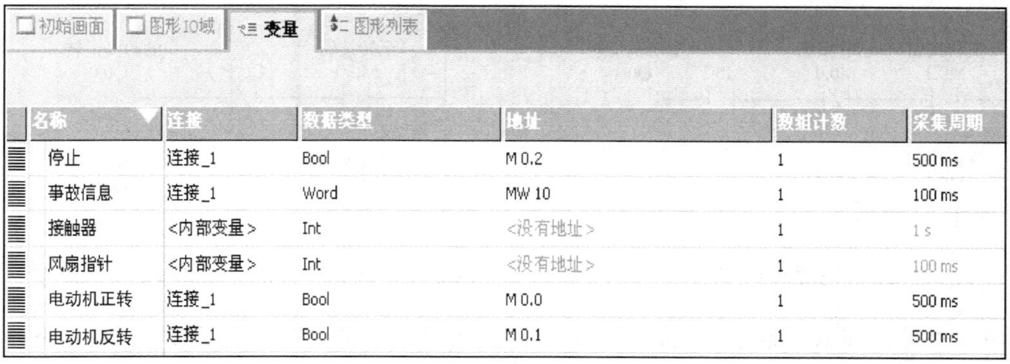

名称	连接	数据类型	地址	数组计数	采集周期
停止	连接_1	Bool	M 0.2	1	500 ms
事故信息	连接_1	Word	MW 10	1	100 ms
接触器	<内部变量>	Int	<没有地址>	1	1 s
风扇指针	<内部变量>	Int	<没有地址>	1	100 ms
电动机正转	连接_1	Bool	M 0.0	1	500 ms
电动机反转	连接_1	Bool	M 0.1	1	500 ms

图 2-73 变量参考表

件函数，将图形列表事件设置值"2"即对应反转接触器即可。组态停止按钮事件，只要将正反转按钮事件同时组态为"ResetBit"，将图形列表事件设置值"0"即对应停止接触器，如图 2-74 和图 2-75 所示。

图 2-74 正转按钮事件函数组态

59

图 2-75　停止按钮事件函数组态

（4）PLC 控制程序设计　图 2-76 所示为电动机运行控制 PLC 参考程序。

实际运行的组态 PLC 控制程序设计，可在组态变量和连接时默认"停止"变量组态，此时 PLC 控制程序如图 2-77 所示。

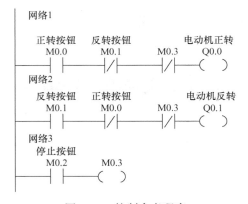

图 2-76　控制参考程序

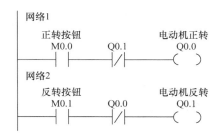

图 2-77　缺省"停止"变量组态参考程序

由此可见，如果在组态人机界面中的控制按钮或开关时，善于使用事件函数功能，则可简化 PLC 程序设计。

【在线开放资源】

1）中国大学 MOOC 和蓝墨云班课——资源："项目 2 任务 5"中的动画功能组态数字化文本资源和动画组态过程中的微课视频。

2）WinCC flexible 网上课堂——西门子（中国）官网（http：//www. ad. siemens. com. cn）主页中的"工业支持中心"→"视频学习中心"。

西门子（中国）官网

【工程实践】　自动运料小车组态控制

1. 任务要求

组态实现一自动运料小车控制，如图 2-78 所示，其自动控制系统的工作过程为：小车原位在后退终端即左限位开关处，当按下启动按钮SB，小车前进，当运行至料斗下方时，右限位开关SQ2动作，小车停止。此时打开料斗门KA1给小车加料，延时10s后关闭料斗，小车后退返回，当小车压下左限位开关SQ1时，SQ1动作，小车停止，打开小车底门KA2卸料，20s后结束，完成一次动作。如此循环100次后系统停止，工作中可通过HMI设定循环次数，按下停止按钮小车回起始位置在左限位停下。

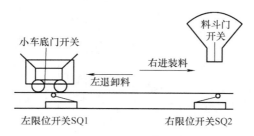

图2-78　小车控制示意图

2. 所需设备

触摸屏一台、电源模块220V/24V、PC/PPI电缆、计算机一台。

3. 执行步骤

1）系统输入/输出（I/O）分配。本任务只给出组态自动控制模式下的I/O分配，参见表2-1。控制硬件接线原理图如图2-79所示。

表2-1　输入/输出分配表

输 入 元 件	输 入 地 址	输 出 元 件	输 出 地 址
手动启动按钮 SB	I0.2	左行继电器 KM1	Q0.0
左限位开关 SQ1	I0.0	右行继电器 KM2	Q0.1
右限位开关 SQ2	I0.1	料斗门电磁阀 KA1	Q0.2
自动启停 HMI	M0.0	车底门电磁阀 KA2	Q0.3
热继电器 FR	I0.3	工作次数设定	MW0

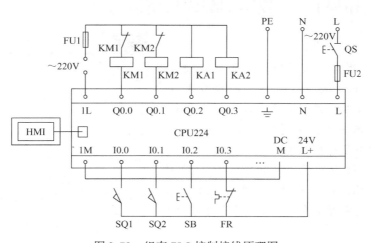

图2-79　组态PLC控制接线原理图

2）组态画面设计（略）。

3）本任务只给出组态自动控制模式下的控制梯形图程序设计，参考程序如图2-80所示。

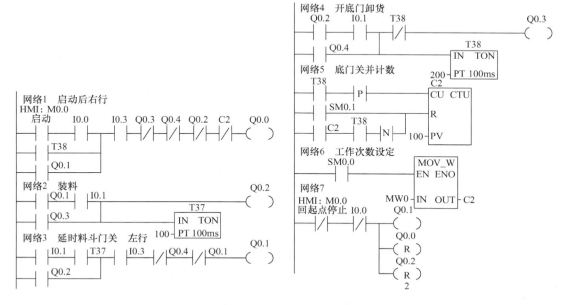

图2-80 自动运行模式下的参考梯形图程序

4）组态项目模拟运行和传送后调试运行。

4. 工程实践报告书

完成工程实践报告书（参见附录A）。

5. 工程实践考核

完成工程实践考核表（参见附录B的表B-2）。

【知识与技能拓展】 工程案例解读与模拟仿真

1. 文本域与图形域仿真

1）模拟运行组态列表功能。图2-81的画面中第一列为数值I/O域，第二列为符号I/O域，第三列为图形I/O域，模拟运行时每一行相关联，即给定数值I/O域一个值后对应符号I/O域和图形I/O域分别输出字符和图形。

2）模拟运行组态列表动画功能。图2-82的画面中"WinCC flexible"符号实现重复从右向左水平移动（可改变符号颜色），且位置变量可输出位值。

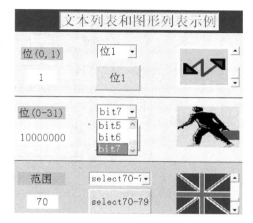

图2-81 文本列表与图形列表组态

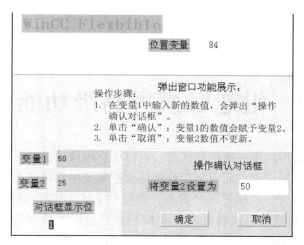

图 2-82 文本列表与指针组态

2. 案例模拟仿真

一冲压打包机的控制画面如图 2-83 所示，模拟其动态运行过程，要求：

1）单步运行操作时，选择图中手动（manual）模式，通过按钮（Up 和 Down）控制冲压打包压头上下运行。

2）选择自动（Auto）模式时，系统执行动作流程参见【在线开放资源】蓝墨云班课的项目 2 任务 5 案例视频操作过程。

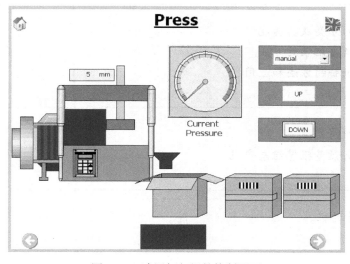

图 2-83 冲压打包机的控制画面

项目 3　组态触摸屏高级功能与应用

针对控制系统中出现的事件或操作状态，可以组态报警功能进行诊断和提示，并完成事件或操作状态信息的数据记录，而对于工业现场被控系统中物理量对象的操作与维护运行需要有严密的授权分配执行，这就是用户管理；实际的 PLC 控制自动化生产中，有时需要在线更改与切换 PLC 控制程序，或者批量更改控制参数，配方组态为这类功能提供了便利；当 PLC 控制系统中数值转换以及生产过程的自动化运行中使用触摸屏来返回 PLC 控制器运行值，用以检查控制状态和启动相应的控制措施，且无需通过 PLC 控制程序再编程来实现，这就是组态触摸屏高级脚本控制。本项目在前述项目的基础上，通过四个控制工程任务的学习与实践操作来分别解构、阐述上述组态方法和调试过程。

任务 1　控制系统的报警与记录功能组态

学习目标

1. 理解报警的分类及其功能。
2. 掌握组态数据记录的方法。
3. 掌握组态报警的方法和应用。

知识重点

1. 数据记录组态实现。
2. 模拟量与离散量报警组态实现。

技术难点

报警组态设计过程。

建议学时

实训室 3 学时 + E-Learning 3 学时。

任务导入

针对控制系统中出现的事件或操作状态等发生的错误、警告与故障，要求能够进行实时诊断，提醒现场操作员或监控人员及时排除，恢复正常生产控制，并能够对于事件或操作状态等信息实现数据记录，此即控制系统的报警与记录功能组态。

任务描述

在小型触摸屏与 PLC 控制硬件系统上，模拟实现一个化工反应罐温度与压力报警功能组态控制。

【跟我学】

3.1.1　数据记录

1. 数据记录

数据记录（Data Record）用于获取、处理和记录工业设备的过程数据，然后，可以分析采集的过程数据以提取关于设备运行状态的技术信息。技术人员和管理人员通过分析采集的过程数据，可以判断设备的运行状态，对故障进行处理，确定最佳的维护方案，提高产品的质量。

在 WinCC flexible 中，外部变量用于采集过程值并访问所连接的自动化系统中的内存位置。内部变量不与任何过程相连，只能被各自对应的 HMI 设备使用。

数据记录通过周期和事件控制分别用于确保持续采集和存储变量值。

记录的数据将被采集、处理并存储在 ODBC（开放数据库互连）数据库（仅限于计算机）或文件中，如图 3-1 所示。保存的数据可以在其他设备中进行处理，用于报表分析、打印和汇总等。

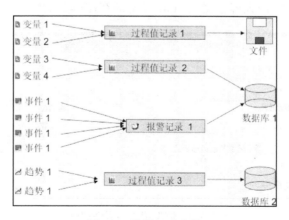

图 3-1　数据记录存储

2. 创建数据记录

为记录某一过程变量的值，首先应生成一个数据记录，然后将数据记录分配给该变量。

在打开的项目窗口中，双击左侧项目视图"历史数据"中的"数据记录"图标，在工作区域将打开图 3-2 所示的数据记录编辑器。

双击编辑器中的某一行，则自动创建一个新数据记录，默认的数据记录名称为："数据

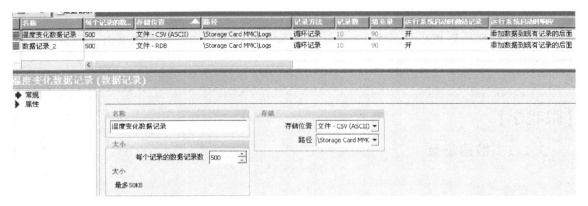

名称	每个记录的数...	存储位置	路径	记录方法	记录数	填充量	运行系统启动时激活记录	运行系统启动时响应
温度变化数据记录	500	文件 - CSV (ASCII)	\Storage Card MMC\Logs	循环记录	10	90	开	添加数据到既有记录的后面
数据记录_2	500	文件 - RDB	\Storage Card MMC\Logs	循环记录	10	90	开	添加数据到既有记录的后面

图 3-2　数据记录编辑器

记录 1""数据记录 2"等，该数据记录的"存储位置""路径""记录方法""记录数"等均为默认设置，用户可以根据需要进行修改。

3. 组态数据记录

（1）组态"常规"属性　数据记录可以存储在计算机的 ODBC 数据库中，或者存放在可以用 Excel 打开的 ∗.CSV 格式的文件中，以上两种情况对应地选择"数据库"或"文件"作为存储位置。单击数据记录编辑器中所要组态的数据记录所在的行，在数据记录编辑器下方将出现该数据记录的属性视图，如图 3-3 所示。单击"常规"，可以组态该数据记录的常规属性，可以更改数据记录的名称，每个记录的数据记录数，以及该数据记录的存储位置、存储路径。记录的最大容量受到 HMI 设备的存储容量的限制。

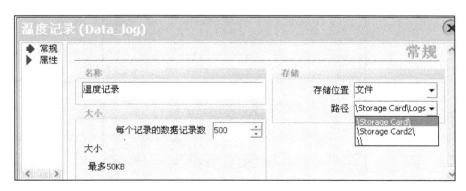

图 3-3　数据记录的属性视图

（2）组态数据记录的重启动作　单击属性视图中"属性"项的"重启动作"，将打开如图 3-4 所示的对话框。如果勾选复选框"运行系统启动时激活记录"，则在运行系统启动时开始进行记录。如果想用新数据覆盖原来记录的数据，则选中"记录清零"，若选中"添加数据到现有记录的后面"，则新的数据记录将添加到原有数据记录的后面。在运行时可以用系统函数来控制记录的重新启动。

（3）组态记录方法　属性视图的"属性"项的"记录方法"对话框如图 3-5 所示，可供选择的记录方法有：

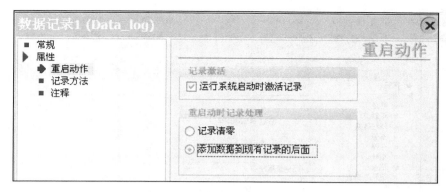

图3-4　重新启动特性的组态

1）"循环记录"：数据记录中记录的数据采用先入先出的存储方式，当记录记满时，最早的条目将被覆盖。假设每个记录的条目数为100，则第101个条目将覆盖第1个条目。

2）"自动创建分段循环记录"：将创建具有相同大小的指定条数的记录，并逐个进行填充。当所有的记录被完全填满时，最早的记录将被覆盖。可以设置记录的条数。

3）"显示系统事件于"：当达到定义的填充比例（默认值为90%）时，将发送系统报警信息。

4）"上升事件"：记录一旦填满，将触发"上升"事件，执行系统函数，例如可以清除数据记录。

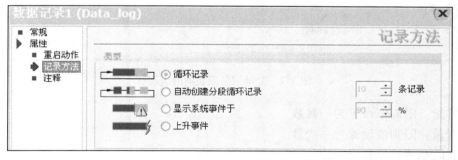

图3-5　记录方法的组态

（4）组态用于数据记录的变量　在运行时，可以将变量值存储在数据记录中，以便以后进行计算和处理。在项目窗口右侧的项目视图中，双击"通讯"项下的"变量"，打开图3-6所示的变量编辑器。可以在变量属性视图"属性"项的"记录"对话框中，或者直接在变量表中，指定变量的数据记录。

在图3-6中可以组态记录的采集模式，以及循环记录的记录周期。采集模式有三种：

1）变化时：HMI设备检测到变量值发生改变时，即采集该变量的值。

2）根据命令：通过调用"LogTag"系统函数记录变量值。

3）循环连续：以固定的时间间隔记录变量值，可以在图3-6下方的"记录周期"列表框中选择记录周期，也可以添加自定义的周期。

在变量属性视图"属性"项的"记录限制值"对话框中，可以将对变量的记录限制在某一范围之内或之外，如图3-7所示。数据记录的上、下限值有三种方式：

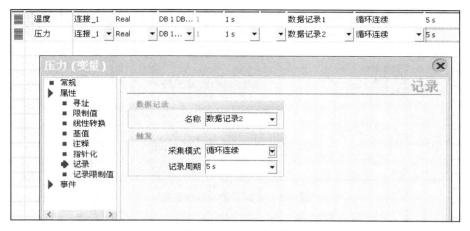

图 3-6　变量编辑器

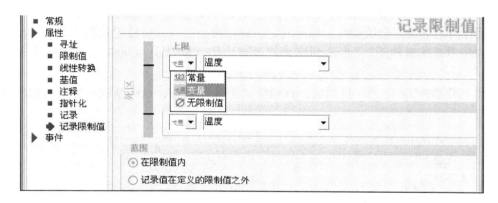

图 3-7　变量记录限制值的组态

1）常量：限制值设置为一常数。

2）变量：限制值设置为一变量。

3）无限制值：没有限制值。

3.1.2　报警（Alarm）

1. 报警概论

报警用来指示控制系统中出现的事件或操作状态，可以在 HMI 上显示，或者输出打印，也可保存在报警记录中，图 3-8 所示为 HMI 中报警记录里的报警信息。报警分自定义报警和系统报警，自定义报警是用户组态的报警，用来在 HMI 设备上显示过程状态或者测量和报告从 PLC 接收到的过程数据。自定义报警分为两种：①离散量报警。离散量报警又称开关量报警，报警信息用一位二进制数 1、0 来表示，如开关的断与合、信号的出现和消失，都可以用来触发报警；②模拟量报警。模拟量的值如温度超高、液位过低时将触发报警。

图 3-8　HMI 中报警信息

2. 报警类别

WinCC flexible 中的预定义报警组可提供四大类型报警组态功能：

1）"故障"：用于离散量和模拟量报警，指示紧急或危险操作和过程状态，该类报警必须始终进行确认。

2）"警告"：用于离散量和模拟量报警，指示常规操作状态、过程状态和过程顺序，该类别中的报警不需要进行确认。

3）"系统"：用于系统报警，提示操作员关于 HMI 设备和 PLC 的操作状态。该报警组不能用于自定义的报警。

4）"诊断消息"：用于 S7 诊断消息，指示 SIMATIC S7 或 SIMOTIONPLC 的状态和事件。该类别中的报警不需要进行确认。

3. 报警系统

报警系统用来显示 HMI 设备或 PLC 中特定的系统状态，报警系统的任务主要有：

1）HMI 上的可视化：控制设备或控制过程中所出现的事件或状态，当发生错误或故障时，可以在 HMI 上显示信息。

2）打印：将报警事件输出到打印机，以便分析。

3）记录：保存报警结果以作进一步编辑和判断。

4. 报警状态

当满足报警触发条件时，该报警的状态为"已激活"或称为"到达"，操作员确认了报警后，该报警状态为"已确认"；当报警条件消失时，该报警的状态为"已取消"或称为"到达离开"，每个报警状态都可以在 HMI 上显示和记录，也可输出打印。

5. 报警处理

WinCC flexible 有以下三种报警处理方式：

1）立即打印报警：可以在报警系统的基本设置中允许或禁止打印整个项目的报警，也可以单独打印每个报警。

2）记录报警：报警事件可以记录在报警记录中，可以将不同类型的报警事件保存在一个记录中。记录的报警事件可以显示在 HMI 设备上或者按报表形式打印输出，也可以用其他应用程序（如 Excel）来查看。

3）打印报警报告：来自报警缓冲区的报警事件可以按报表形式打印输出。

【跟我做】

3.1.3　模拟创建一个压力数据记录组态

（1）创建一个压力变量数据记录　将名为“压力记录”的数据记录连接到变量“压力”上，记录方法为“循环记录”，记录数为 10，如图 3-9 所示。运行系统启动时激活“压力记录”，重新启动特性为“记录清零”。

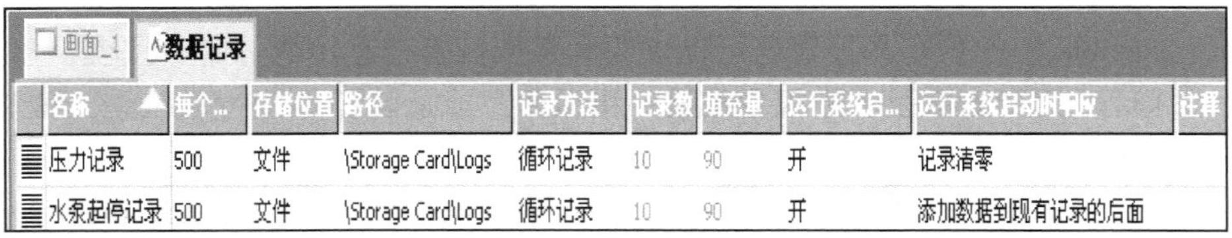
画面_1
数据记录
名称 | 每个... | 存储位置 | 路径 | 记录方法 | 记录数 | 填充量 | 运行系统启... | 运行系统启动时响应 | 注释
压力记录 | 500 | 文件 | \Storage Card\Logs | 循环记录 | 10 | 90 | 开 | 记录清零
水泵起停记录 | 500 | 文件 | \Storage Card\Logs | 循环记录 | 10 | 90 | 开 | 添加数据到现有记录的后面

图 3-9　压力变量编辑器

（2）模拟运行　单击工具栏中的“启动带模拟器的运行系统”按钮，开始离线模拟运行。在运行模拟器中设置变量“压力”按正弦规律在 0 ~ 200 之间变化，周期为 50s，用名为“压力记录”的模拟器文件保存上述设置。数据记录在计算机中的路径为“C：\ Storage Card \ Logs”，双击该文件夹中自动生成的文件“压力记录 0. CSV”，用 Microsoft Excel 打开，如图 3-10 所示。

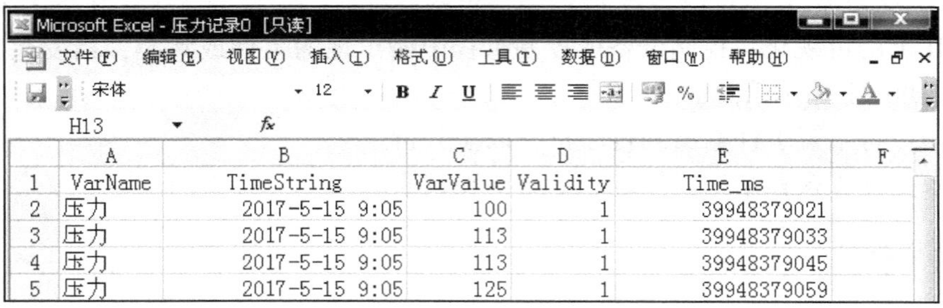
Microsoft Excel - 压力记录0 [只读]
文件(F) 编辑(E) 视图(V) 插入(I) 格式(O) 工具(T) 数据(D) 窗口(W) 帮助(H)
宋体 12
H13
A B C D E F
1 VarName TimeString VarValue Validity Time_ms
2 压力 2017-5-15 9:05 100 1 39948379021
3 压力 2017-5-15 9:05 113 1 39948379033
4 压力 2017-5-15 9:05 113 1 39948379045
5 压力 2017-5-15 9:05 125 1 39948379059

图 3-10　数据记录文件

图 3-10 中的“VarName”为变量的名称；“TimeSring”为字符串格式的时间标志；“VarValue”为变量的值；Validity（有效性）= 1：表示数值有效，Validity = 0：表示出错；“Time_ ms”是以毫秒为单位的时间标志，用于趋势视图中表示变量值时使用。

重新启动特性设置为“记录清零”，在退出模拟运行系统后再重新启动，打开模拟器文件“压力记录”，恢复先前的模拟设置。运行一段时间后打开“压力记录 0. CSV”文件，将会看到重新启动前的记录值已被清除。

如果将重新启动特性设置为“添加数据到现有记录的后面”，退出模拟运行系统后再重新启动，打开模拟器文件"压力记录"，恢复先前的模拟设置。运行一段时间后打开"压力记录0. CSV"文件，重新启动后记录的数据放置在了第一次运行时记录的数据后面。

3.1.4 报警与记录组态

（1）报警类别组态 在项目视图中，双击"报警"／"设置"中的"报警类别"，打开图 3-11 所示的"报警类别"编辑器。在该编辑器中，可以修改、创建报警类别并组态它们的属性。

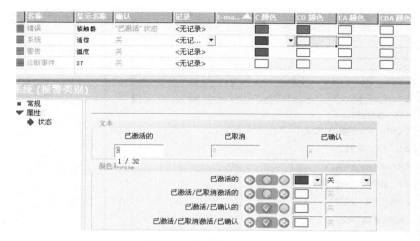

图 3-11 报警类别编辑器

（2）报警组组态 在项目视图中打开"报警组"编辑器。在图 3-12 所示的"报警组"表格编辑器中，可以创建报警组并指定它们的属性。对于预定义的报警组，只有极个别的属性可以进行更改。报警组的名称可在属性视图中进行修改。编号将由系统进行分配。

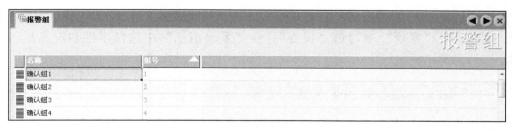

图 3-12 报警组表格编辑器

（3）报警变量组态 报警变量组态用于对被监控的控制变量进行功能属性的编辑，在项目功能区域中，双击"报警"项中的"离散量报警"，打开"离散量报警"编辑器。在图 3-13 所示的"离散量报警"表格编辑器中，可以创建离散量报警并组态它们的属性。当报警变量是模拟量时，需进行"模拟量报警"组态，组态方法同"离散量报警"组态。

（4）系统事件与设置组态 在项目视图中，双击"报警"项中的"系统报警"，打开"系统报警"编辑器，如图 3-14 所示，在该编辑器中，可以查看所有的 HMI 系统报警并修改报警文本。在 WinCC flexible 的默认设置下，"系统报警"条目是不可见的。为显示该条目，可通过"选项"菜单中"设置"进行修改。

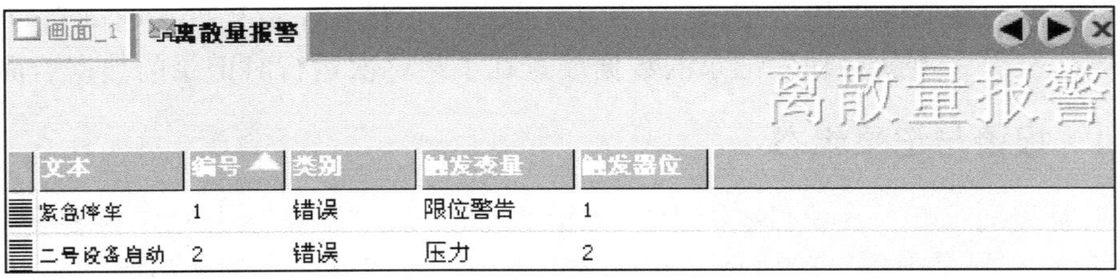

图 3-13　离散量报警编辑器

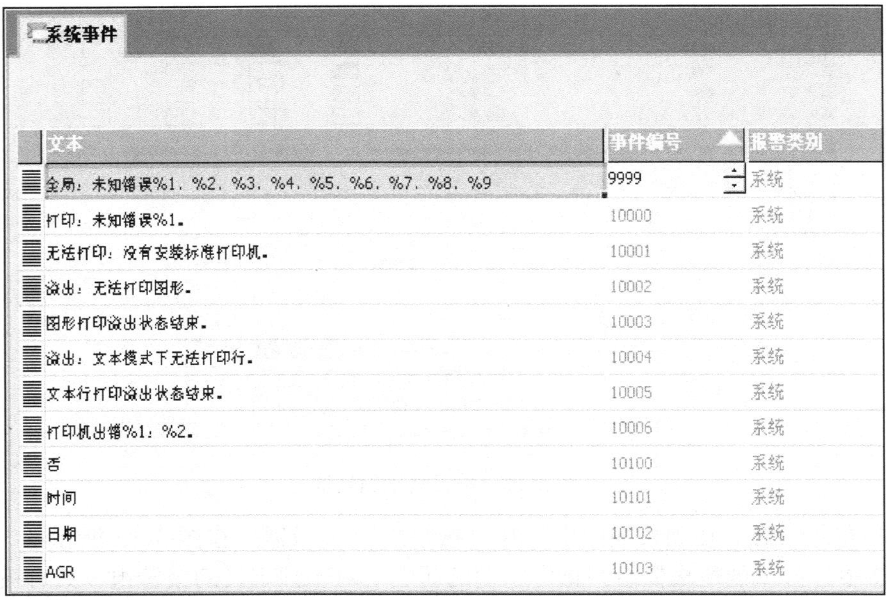

图 3-14　系统报警编辑器

双击项目视图区"报警设置"，打开图 3-15 所示的对话框，用户可在工作区中定义报警设置。例如，在"常规"中勾选"报告"，在"系统消息"中选择事件和定义显示持续时间。

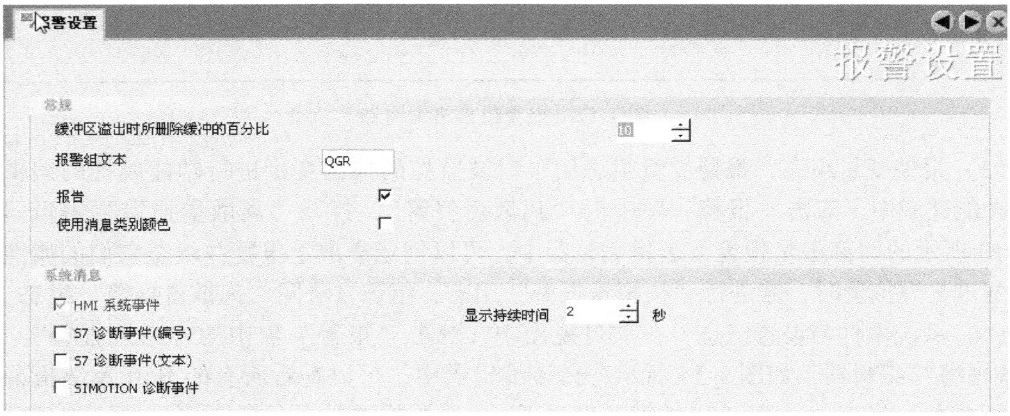

图 3-15　报警设置

（5）报警指示器组态（可无） 报警指示器用于指示报警处于"未决的"状态或"已确认的"状态。如果产生所指定的报警组的报警，则触摸屏中显示报警指示器，此时报警指示器的状态有两种：闪烁，表示至少存在一条未确认的待解决的报警（"未决的"状态）；静态，报警已确认，但其中至少有一条尚未取消激活（"已确认的"状态）。

报警指示器组态步骤如下：

1）将工具箱中的"报警指示器"图标" ⚠ "插入到"模板"画面中，如图 3-16 所示。

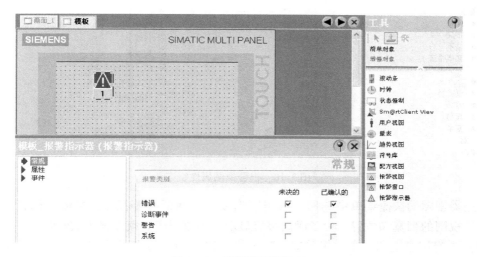

图 3-16　报警指示器组态

2）单击属性视图中的"常规"项，在"报警类别"区域中，对报警指示器进行类别组态。

（6）报警输出视图组态 报警输出是通过组态报警视图功能来实现的，实现在报警缓冲区或报警记录中将选择的报警或事件信息显示出来，报警和事件可以与所有可用的报警组一起显示。下面以不同报警组的报警运行时在报警视图中输出为例，说明组态的具体步骤。

1）在所打开的画面中，将工具箱中的"报警视图"拖入工作区，组态一个报警视图。

2）在属性视图"常规"中设定显示属性和消息类别，如图 3-17 所示。

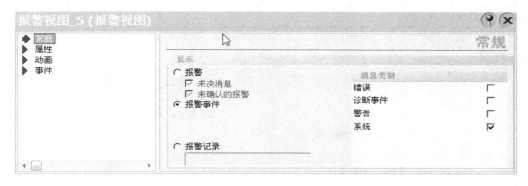

图 3-17　报警输出视图常规组态

3）在属性视图的"属性"项中单击"布局"，在"布局"区域中，选择可用于操作员设备的操作员控件元素。

4）在属性视图的"属性"项中单击"列"，在"可见列"区域中，选择将要在报警视图中显示的列；在"列属性"区域中，指定列的属性；在"排序"区域中，选择报警的排序顺序，如图 3-18 所示。

图 3-18　报警视图属性组态

在报警视图的快捷菜单中选择"编辑"命令，以激活报警视图，在激活模式下，可以设置报警视图的列宽和位置。为了激活报警显示，缩放因子必须设置为 100%。

（7）报警记录组态　在"报警记录"表格编辑器中，组态报警记录，以记录报警类别并定义报警的属性。当组态报警记录时，用户定义报警所要存储的记录以及是仅存储该报警事件还是连同报警文本和出错位置一起存储。报警记录组态步骤如下：

1）在打开的画面中，组态一个报警视图，然后双击项目视图"历史数据"项中的"报警记录"，打开报警记录编辑器。图 3-19 所示为温度与压力报警记录编辑器，双击编辑器中的空白行，则自动创建一条新报警记录。

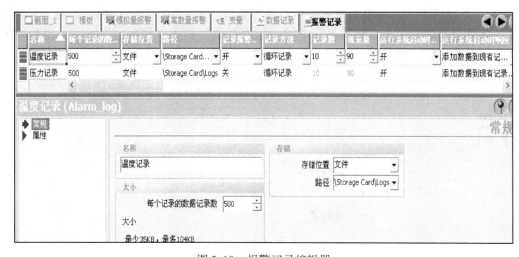

图 3-19　报警记录编辑器

2）双击项目视图"报警管理"下"设置"项中的"报警类别"，在图 3-20 的"错误"行"记录"列中，单击右侧的" ▼ "按钮，在弹出的列表中可以选择一个报警记录，如选择"报警记录_ 1"，则其将被记录在该报警记录中，同样的方法也可以用该报警记录来记录"警告""系统"等其他类型的报警。

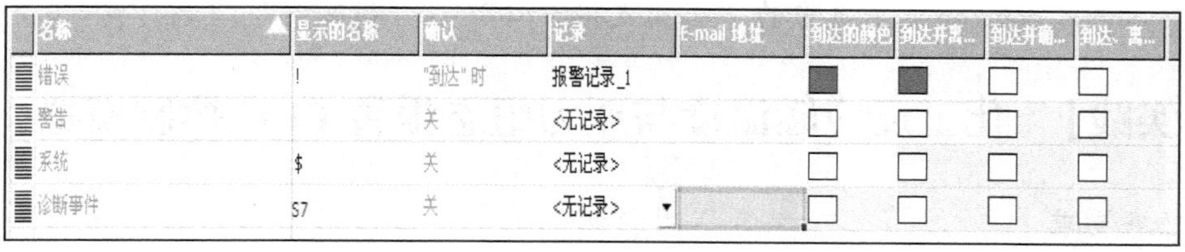

名称		显示的名称	确认	记录	E-mail 地址	到达的颜色	到达并离...	到达并确...	到达、离...
错误	▲	!	"到达"时	报警记录_1		■	■	☐	☐
警告			关	<无记录>		☐	☐	☐	☐
系统		$	关	<无记录>		☐	☐	☐	☐
诊断事件		S7	关	<无记录> ▼		☐	☐	☐	☐

图 3-20 组态报警类别

（8）运行报警记录 在系统运行时，不显示记录的报警文本，而只显示当前项目中的报警文本。记录的报警文本只用于记录文件的外部判断。如果所显示的报警记录与所创建的当前记录不同，那么显示的报警文本可能与当前记录的文本不对应。

在模拟运行时，打开项目视图中"报警管理"文件夹下的"模拟量报警"编辑窗口，设定"类别"与"限制"值等物理量属性，如图 3-21 所示，然后单击菜单栏中的模拟运行按钮，即可启动模拟运行。

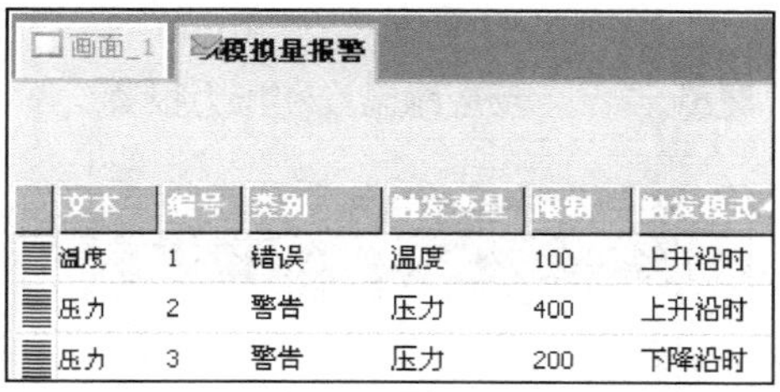

文本	编号	类别	触发变量	限制	触发模式
温度	1	错误	温度	100	上升沿时
压力	2	警告	压力	400	上升沿时
压力	3	警告	压力	200	下降沿时

图 3-21 模拟量编辑器

运行的报警记录数据，被存储在图 3-19 所示的温度与压力报警记录编辑器的"路径"所示文件夹中。记录数据格式如图 3-22 所示，可方便地打印以便工程人员查看控制系统运行状态。

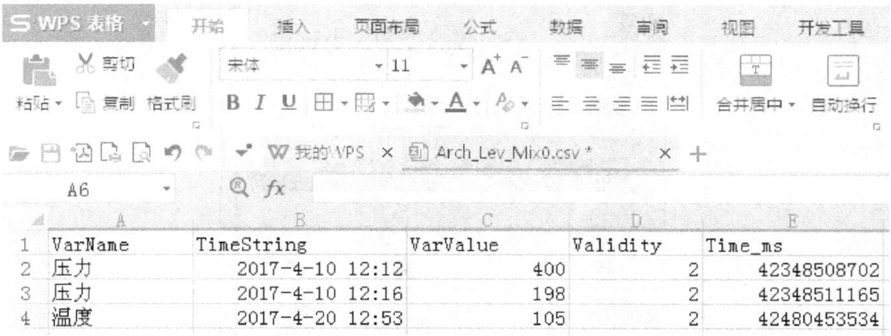

	A	B	C	D	E
1	VarName	TimeString	VarValue	Validity	Time_ms
2	压力	2017-4-10 12:12	400	2	42348508702
3	压力	2017-4-10 12:16	198	2	42348511165
4	温度	2017-4-20 12:53	105	2	42480453534

图 3-22 报警数据记录

【在线开放资源】

1）中国大学 MOOC 和蓝墨云班课——资源："项目 3 任务 1"中的报警组态数字化文本资源、报警组态过程中的微课视频和教学视频。

2）HMI 技术论坛——西门子（中国）官网（http：//www. ad. siemens. com. cn）主页中的"工业支持中心"→"找答案"。

西门子（中国）官网

【工程实践】 化工反应罐温度与压力组态报警 PLC 控制模拟

1. 任务要求

模拟实现一个化工反应罐温度与压力组态 PLC 报警控制，采用离线和在线操作模式实现对温度与压力变化值的超限报警，模拟仿真时，设定温度上限值为 500℃，超限时为报警指示器 1 闪烁，并用 PLC 输出位控制点亮实验台指示灯报警；设定压力上限值 400kPa，超限时为报警指示器 2 闪烁，用 PLC 输出位控制点亮实验台指示灯报警。

2. 所需设备

触摸屏一台、电源模块 220V/24V、PC/PPI 电缆、计算机一台。

3. 执行步骤

1）组态画面设计。组态完成图 3-23 和图 3-24 所示参考画面。

图 3-23 温度控制报警画面

图 3-24 压力控制报警画面

76

2）PLC 程序设计（略）。

3）调试运行。

① 将编译无误的画面和梯形图程序分别传送到触摸屏与 PLC 控制模块中。

② 单击触摸屏上温度值设置 I/O 域窗口，在弹出的软键盘上输入温度超限值，观察实验台指示灯是否点亮；同样再操作输入压力超限值，观察实验台指示灯是否点亮。

③ 若调试未能实现点亮与熄灭相应的指示灯，首先检查触摸屏与 PLC 模块之间的通信组态中各参数设置是否一致，若无误，则检查组态计算机上画面组态时的变量地址是否与 PLC 梯形图中变量地址一致。将系统掉电后再通电，分别传送检查修改后的项目组态程序，重新调试直至正确运行。

4. 工程实践报告书

完成工程实践报告书（参见附录 A）。

5. 工程实践考核

完成工程实践考核表（参见附录 B 的表 B-2）。

【知识与技能拓展】 工程案例解读与模拟仿真

1. 案例解读

某主动力传动设备需对其变频调速电动机转速进行测量控制，要求实时显示速度的测量值，当速度达到 4800r/min 时产生报警输出并能够立即复位，控制参考画面如图 3-25 所示。

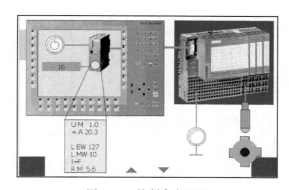

图 3-25 控制参考画面

2. 案例仿真

（1）控制画面设计 控制画面设计参考图 3-25，参考画面中的速度显示 I/O 域地址定义为 VW50，报警输出指示灯定义为 Q0.0 输出。电动机复位控制为外部高速计数器（HSC0）复位端 I0.2。

（2）控制参考程序设计

1）主程序。主程序如图 3-26 所示，用首次扫描时接通一个扫描周期的特殊内部存储器 SM0.1 去调用一个子程序，完成初始化操作。

图 3-26 控制主程序

2）高速计数器初始化。初始化参考程序如图 3-27 所示，定义 HSC0 的工作模式为模式 1，设置 SMB37 = 16#F8 ［允许计数，更新当前值，更新预置值，更新计数方向为加计数，计数方式为 4×模式（四倍频，一个脉冲周期计 4 个数），复位和起动设置为高电平有效]。HSC0 的当前值 SMD38 清零，定时产生中断（中断事件 10），中断事件 10 连接中断程序 INT-0。

3）中断程序 INT-0 如图 3-28 所示。

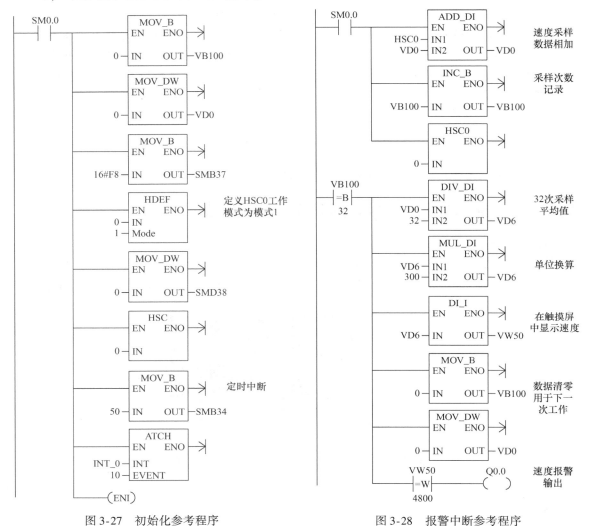

图 3-27　初始化参考程序　　　　　图 3-28　报警中断参考程序

任务 2　控制系统的用户管理功能组态

学习目标

1. 认识控制系统的用户管理功用与结构。
2. 掌握用户视图组态。
3. 掌握用户权限功能组态方法。
4. 掌握系统安全性设置方法。

1. 用户权限功能组态。
2. 系统安全性设置组态。

用户权限功能组态过程。

实训室 3 学时 + E-Learning 2 学时。

实际的控制系统中常常需要在线实时修改或设定某些重要控制参数，如温度、压力和位移等物理量，以及修改已有的数据记录中的条目和创建新配方数据记录等，系统的操作与维护运行需要有严密的授权分配指定专业操作员和用户来执行，这就是用户管理功能组态。

在小型触摸屏 PLC 控制硬件系统上，模拟一个化工反应罐温度与压力用户管理功能组态控制，要求设定一名总管 Admin、一名 PLC 用户、一名操作员，权限为总管 Admin 是一级，PLC 用户为二级，操作员是三级。

【跟我学】

3.2.1 用户管理

1. 用户管理的功用

一个控制系统的运行，其安全性至关重要，因此要求我们创建并组态访问保护，用户管理用于在运行系统时控制操作人员对数据和函数的访问，从而保护操作元素（例如输入域和功能键）免受未经授权的操作。

创建用户管理系统需建立用户和用户组，并分配特定的访问权限（授权）。只有指定的个人或操作员组可以改变其参数和设置并调用函数。例如，操作员只能访问指定的功能键，而调试工程师在运行时可以不受限制地进行访问。

2. 用户管理的结构

用户管理由两部分组成，一部分是对用户组的管理，另一部分是对用户的管理。其特点是权限不是直接分配给用户的，而是分配给用户组的，通过设定用户所在的用户组可以使该用户获得其所在用户组的所有权限，用户管理的结构如图 3-29 所示。这样使管理变得更为系统化、高效化。另外用户的管理和权限的分配是分离开来的，这样就使得操作人员对系统的访问具有很强的灵活性。

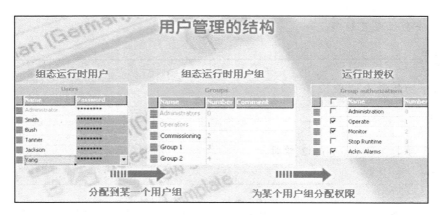

图 3-29   用户管理的结构

　　组态控制时需要创建用户和用户组，用户管理将用户的管理与权限分离开，确保访问保护的灵活性和可靠性。

【跟我做】

3.2.2   用户管理组态

　　（1）创建用户组   在项目视图中找到"运行系统用户管理"条目，如图 3-30a 所示，双击其下的"组"选项打开用户组编辑器，如图 3-30b，在编辑器中有两个部分，分别是"组"和"组权限"，在"组"中列出了现有的用户组，在"组权限"中列出了系统中现有的所有权限。勾选"组权限"中的复选框可以为每个用户组分配不同的权限。

a)

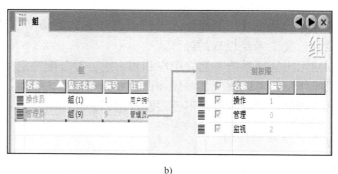

b)

图 3-30   创建用户组

在项目视图的"组"选项上单击鼠标右键选择"添加组";或者在用户组编辑器"组"中紧邻现有组的空白行上双击鼠标左键,都可以添加一个新的用户组。在"组权限"中空白行内,如图3-31所示,双击鼠标左键可以添加新的权限。添加了一个"调试工程师"组,如图3-32所示,并把"操作""管理"和"画面浏览"(新建的权限)的权限分配给它。新建组的各种属性都由系统自动生成,可以根据需要有选择地修改,但用灰色显示的选项不能修改,如编号。

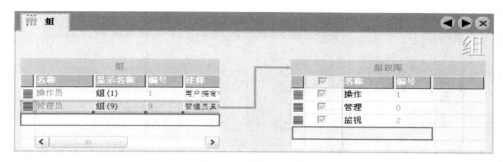

图3-31 增加新权限

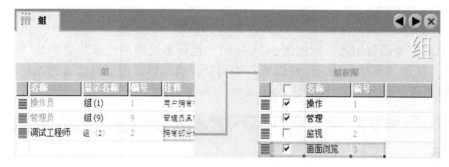

图3-32 权限属性组态

(2)创建用户 在项目视图中"运行系统用户管理"条目下,双击"用户"选项,打开用户编辑器,在用户编辑器中同样有两部分,左侧是现有用户的列表,右侧是现有用户组的列表。

在用户编辑器中可以清楚地看到每个用户所在的用户组。图3-33中的"Admin"用户是系统默认的用户,属于管理员组,拥有所有的权限。

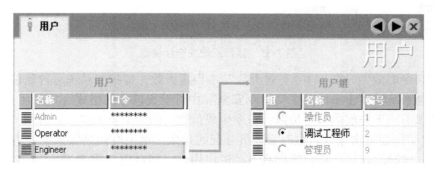

图3-33 创建用户

添加或修改"用户"的方法与添加或修改"组"的方法一样。图 3-33 中创建了两个用户，分别是"Operator"和"Engineer"，并且将"Operator"分配给"操作员"组，将"Engineer"分配给"调试工程师"组，则这两个用户就分别拥有了操作员组和调试工程师组的权限。

接下来，对每位用户设定操作密码。在用户编辑器中单击图 3-34 所示的"▼"按钮，在弹出的口令设置窗口为每位用户分配操作密码。

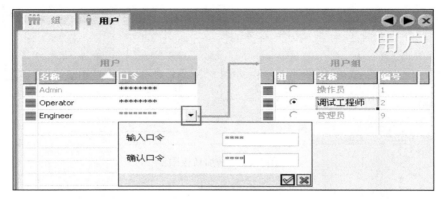

图 3-34　口令设置

（3）系统安全设置组态　双击图 3-35 中的"运行系统用户管理"项中的"运行系统安全性设置"，打开"运行系统安全性设置"编辑器，该编辑器用于组态运行系统中用户口令的有效时间、口令安全和运行系统服务。

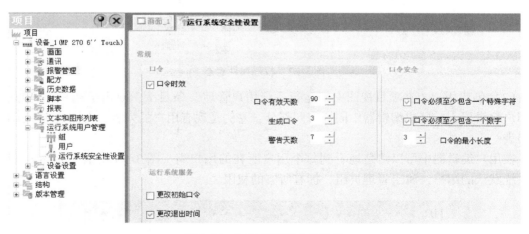

图 3-35　运行系统安全性设置

启用"口令时效"，在"口令有效天数"中设定天数，即控制系统运行到设定天数后口令过期，控制系统被禁止操作。在"口令安全"中可设置口令的格式，如果用户更改口令，则新口令必须不同于先前的口令位数，口令生成位数一般为 1 至 5 位。如启用"更改初始口令"，则用户必须在首次登录时更改管理员分配的口令。退出时间是指系统没有任何输入时的持续时间，此时间过后，用户管理将自动退出用户，如启用"更改退出时间"，则更改退出时间只需简单用户权限即可，且所做更改将记录在检查跟踪中。

（4）安全访问保护组态　为控制系统创建用户和用户组，并分别分配权限后，可以为画面中的操作对象组态权限，即各类型 I/O 域、设备启停、开关等操作的权限，避免在控制系统运行时受到未经授权的访问操作。

在 HMI 设备运行时，用户访问操作一个控制对象，WinCC flexible 首先确认该对象是否受到安全保护，如果没有，则对象功能可被操作。否则，WinCC flexible 首先确认当前登陆的用户属于哪个用户组，并将为该用户组态的权限分配给当前用户。图 3-36 所示为某控制对象的 I/O 域"属性"功能区中的"安全"对话框组态设置，选中"启用"，单击"权限"框右侧的下三角按钮，在弹出的权限列表中选择权限。

图 3-36　组态安全访问保护

（5）用户视图中管理用户组态　如果在工程系统中组态了用户视图，就可以在用户视图中管理用户。在工具栏中"增强对象"条目下选择"用户视图"，并将其拖放到画面中，如图 3-37 所示。

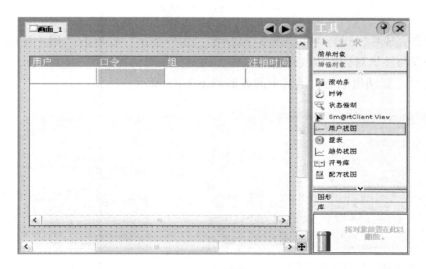

图 3-37　用户视图

在"用户视图"的属性视图中设置用户视图的各种属性，如图 3-38 所示。

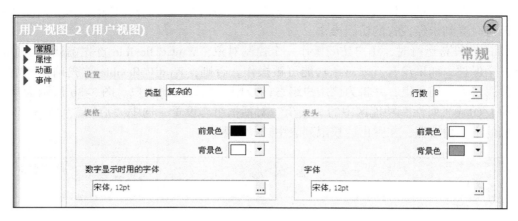

图 3-38　用户视图组态

（6）登录与注销组态　在画面中组态两个按钮"用户登录"和"用户注销"，如图 3-39 所示，"用户登录"按钮用来运行系统函数"ShowLogonDialog"（显示登录对话框）；"用户注销"按钮用来运行系统函数"Logoff"（注销当前用户）。

图 3-39　登录与注销组态

上述组态完成后，运行中单击图 3-39 所示"用户登录"或单击"用户注销"按钮可以分别打开登录与注销对话框以实现在线操作，用户登录对话框如图 3-40 所示。

（7）运行　启动模拟器，运行中的界面如图 3-41 所示。

图 3-40　用户登录对话框

图 3-41　运行中的界面

【在线开放资源】

1）中国大学 MOOC 和蓝墨云班课——资源："项目3 任务2"中的用户管理组态数字化文本资源、用户组态过程中的微课视频和教学视频。

2）HMI 技术论坛——西门子（中国）官网（http：//www. ad. siemens. com. cn）主页中的"工业支持中心"→"找答案"。

西门子（中国）官网

【工程实践】　化工反应罐温度与压力用户管理功能组态控制模拟

1. 任务要求

模拟实现一个化工反应罐温度与压力用户管理功能组态，设定 Admin 是一级，PLC 用户为二级，操作员是三级。以 Admin 身份通过"用户登录"对话框进入控制系统的界面，对项目3 任务1【工程实践】中的温度与压力操作分别授权，即 PLC 用户只能操作温度，操作员用户只能操作压力。

2. 所需设备

触摸屏一台、电源模块220V/24V、PC/PPI 电缆、计算机一台。

3. 执行步骤

1）组态画面设计。组态完成图3-42 和图3-43 所示参考画面。

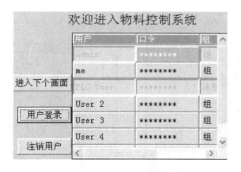

图3-42　用户管理参考画面

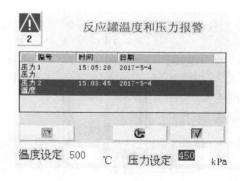

图3-43　用户操作参考画面

2）PLC 程序设计（略）。

3）调试运行（略）。

4. 工程实践报告书

完成工程实践报告书（参见附录 A）。

5. 工程实践考核

完成工程实践考核表（参见附录 B 的表 B-2）。

通航闸组态控制

【知识与技能拓展】　工程案例解读与模拟仿真

1. 案例解读

某船闸监控系统的画面及其功能组态如图3-44～图3-55 所示，根据图示内容解答下列问题：

1）该船闸监控系统报警组态属于哪一类型？其中报警的类别有几种？

2）该船闸监控系统变量趋势有几个？趋势类型是哪一类？

3）图 3-55 中的系统组态变量有多少个？数据类型有几种？采集周期有几种？

4）该船闸监控系统占用 PLC 的输入与输出点数有多少个？使用存储区类型有哪几类？

5）该船闸监控系统所用 PLC 是哪种类型？采用了何类通信网络来组态的？

图 3-44　用户登录画面

图 3-45　用户管理画面

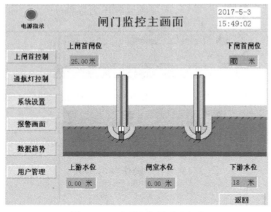

图 3-46　闸门监控主画面

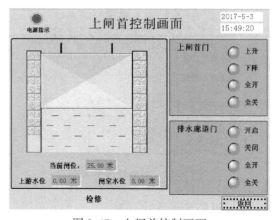

图 3-47　上闸首控制画面

图 3-48　系统设置画面

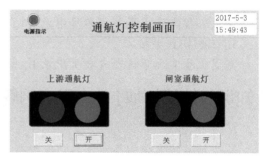

图 3-49　通航灯控制画面

文本	编号 ▲	类别	触发变量	触发器位
闸室红灯控制故障	1	警告	报警回讯	0
闸门上升故障	2	错误	报警回讯	8
闸门下降故障	3	错误	报警回讯	9
闸门停止故障	4	错误	报警回讯	10
闸室绿灯控制故障	5	警告	报警回讯	1
上闸首输水廊道门开启故障	6	错误	报警回讯	11
上闸首输水廊道门关闭故障	7	错误	报警回讯	12
上闸首输水廊道门停止故障	8	错误	报警回讯	13
上游红灯控制故障	9	警告	报警回讯	14
上游绿灯控制故障	10	警告	报警回讯	15
上游水位超过警戒水位	11	警告	报警回讯	2
闸位超上限	12	警告	报警回讯	3

图 3-50　报警类别组态

图 3-51　报警画面

图 3-52　水位趋势组态

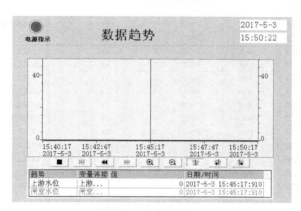

图 3-53　水位趋势画面

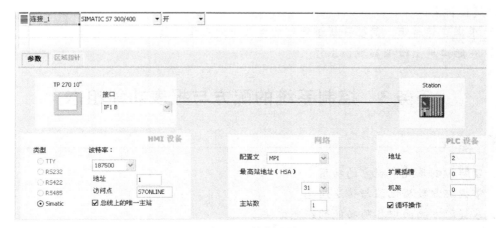

图 3-54　控制连接

87

名称	连接	数据类型	地址	数组计数	采集周期	注释	数据记录	记录采集模式
user	<内部变量>	String	<没有地址>	1	1 s		<未定义>	循环连续
deng1	<内部变量>	Bool	<没有地址>	1	1 s		<未定义>	循环连续
上游绿灯控制	连接_1	Bool	M 1.0	1	1 s		<未定义>	循环连续
闸门全关状态	连接_1	Bool	I 0.3	1	1 s		<未定义>	循环连续
上游绿灯开状态	连接_1	Bool	I 1.3	1	1 s		<未定义>	循环连续
输水门关闭状态	连接_1	Bool	I 0.7	1	1 s		<未定义>	循环连续
输水门开启状态	连接_1	Bool	I 0.6	1	1 s		<未定义>	循环连续
输水门全开	连接_1	Bool	I 1.0	1	1 s		<未定义>	循环连续
预设水位警戒值	连接_1	Word	MW 18	1	1 s		<未定义>	循环连续
输水廊道门开启	连接_1	Bool	M 0.4	1	1 s		<未定义>	循环连续
闸室红灯开状态	连接_1	Bool	I 1.4	1	1 s		<未定义>	循环连续
闸门上升状态	连接_1	Bool	I 0.0	1	100 ms		<未定义>	循环连续
闸门自动状态	连接_1	Bool	I 0.5	1	1 s		<未定义>	循环连续
上游红灯控制	连接_1	Bool	M 0.7	1	1 s		<未定义>	循环连续
主回路电源	连接_1	Bool	I 1.6	1	1 s		<未定义>	循环连续
闸室绿灯控制	连接_1	Bool	M 1.2	1	1 s		<未定义>	循环连续
闸门手动状态	连接_1	Bool	I 0.4	1	1 s		<未定义>	循环连续
输水廊道门停止	连接_1	Bool	M 0.6	1	1 s		<未定义>	循环连续
闸室红灯控制	连接_1	Bool	M 1.1	1	1 s		<未定义>	循环连续
闸门下降	连接_1	Bool	M 0.1	1	1 s		<未定义>	循环连续
消警命令	连接_1	Bool	M 1.3	1	1 s		<未定义>	循环连续
闸室内水位转…	连接_1	Word	MW 12	1	1 s		<未定义>	循环连续
闸室水位读取值	连接_1	Word	IW 4	1	1 s		<未定义>	循环连续
输水门全关	连接_1	Bool	I 1.1	1	1 s		<未定义>	循环连续
上游水位转换值	连接_1	Word	MW 10	1	1 s		上游水位数据记录	循环连续
上游水位读取值	连接_1	Word	IW 2	1	1 s		<未定义>	循环连续
输水廊道门关闭	连接_1	Bool	M 0.5	1	1 s		<未定义>	循环连续
闸门停止	连接_1	Bool	M 0.2	1	1 s		<未定义>	循环连续
预设水位基值	连接_1	Word	MW 20	1	1 s		<未定义>	循环连续
报警回讯	连接_1	Word	MW 2	1	1 s		<未定义>	循环连续
预设闸门全开值	连接_1	Word	MW 16	1	1 s		<未定义>	循环连续
闸门全开状态	连接_1	Bool	I 0.2	1	1 s		<未定义>	循环连续
闸门急停	连接_1	Bool	M 0.3	1	1 s		<未定义>	循环连续
闸门下降状态	连接_1	Bool	I 0.1	1	100 ms		<未定义>	循环连续
上游红灯开状态	连接_1	Bool	I 1.2	1	1 s		<未定义>	循环连续
闸室绿灯开状态	连接_1	Bool	I 1.5	1	1 s		<未定义>	循环连续
闸门上升	连接_1	Bool	M 0.0	1	1 s		<未定义>	循环连续

图 3-55　控制变量组态

2. 模拟仿真

1）根据自然常识，简要分析该通航监控系统的工作过程。

2）在触摸屏上模拟实现该工程。

任务 3　控制系统的配方与报表功能组态

学习目标

1. 理解控制系统中配方的功用。

2. 掌握配方数据记录与传送组态。

3. 掌握配方画面中各项功能的组态方法。

4. 掌握配方报表的组态方法。

知识重点

1. 配方数据记录与传送。

2. 配方报表组态。

技术难点

1. 配方数据组态与 PLC 编程。
2. 项目测试。

建议学时

实训室 4 学时 + E-Learning 2 学时。

任务导入

实际的控制系统中常常需要在线实时修改或设定某些重要的已有的数据记录中的条目，或者更改批量控制参数，这就需要在线更改与切换 PLC 控制程序，配方组态控制为这类功能提供了便利。

任务描述

在小型触摸屏 PLC 控制硬件系统上，模拟果汁饮料生产加工中使用配方功能监控。

【跟我学】

3.3.1　配方的概念

1. 配方

配方（Receipt）是相关数据的集合，如设备组态或生产数据。食品加工业中的批量生产代表配方的一个应用领域，如果汁工厂中的配料站可以生产出不同口味的饮料。它们的配料始终相同，只是混合比不同，如图 3-56 所示。每种口味对应于一个配方，每种产品混合比对应于一条数据记录。

元素　数据记录

名称	显示名称	编号	水	浓缩物	糖	香精	混合温度	搅拌速度
果汁饮料	果汁饮料	1	40	20	4	90	20	400
浓缩果汁	浓缩果汁	2	15	25	5	60	18	500
纯果汁	纯果汁	3	10	30	6	40	18	600

图 3-56　饮料配方

如果不使用配方，在改变生产品的品种时，操作工程师需要查生产手册表，使用 HMI 设备画面中的 6 个输入域，将参数输入到 PLC 的存储区。如果生产工艺过程的参数较多，在改变生产工艺时每次都输入这些参数，不但浪费时间，还容易出错。WinCC flexible 组态配方功能，只需一个操作步骤，一种产品所需的全部数据便可传送到机械设备 PLC 中。

配方的另一个应用领域就是制造工业中机械设备参数的分配。如机械设备将不同尺寸的木板剪切到指定的尺寸并钻孔。导轨和钻头必须根据木板的尺寸向新位置移动。所需的位置数据作为数据记录存储在配方中。如果要采用新的木板尺寸，需要使用"导入"模式重新分配机械设备参数，将新的位置数据直接从 PLC 传送到 HMI 设备并将它们写入配方，将其保存为新数据记录（位置数据）。

2. 配方的结构

配方的结构由配方元素和数据记录构成，配方中的每个参数称为一个条目，由这些参数组成一组数据，称为配方的一条数据记录。图 3-56 中每行的 6 个参数组成了一条配方数据记录，3 种果汁产品对应的 3 条数据记录组成了果汁的配方。每个配方如同文件机柜里一个抽屉（如图 3-57 所示），一个抽屉对应一种饮品。如果果汁厂要生产新口味的饮品，那么需要针对每种口味组态一个新配方。

每种产品由不同的配料混合构成，配方数据记录相当于单个抽屉中的文件卡，每个文件夹对应产品中的一个配料变量。如果果汁厂要生产果汁、蜜露和水果饮料，那么需要针对每种产品的配料变量在配方中创建一个配方数据记录。在这种情况下，产品变量由不同的配料混合比构成。

3.3.2 配方数据传送

1. 配方传送控制

在系统运行中，配方数据记录可以在外部数据存储介质（例如闪存）、HMI 设备和 PLC 之间传送。在 HMI 设备运行时对配方进行操作，可能会意外地覆盖 PLC 中的配方数据，因此在传送时必须对配方组态进行数据传送控制。在组态配方时，双击项目视图中的"配方"图标，打开控制配方属性视图，如图 3-58 所示，在属性视图的"选项"中，选择是否启用"同步变量"和"变量离线"，来控制配方数据传送的方式，保证在修改 HMI 设备上的配方数据记录时，不会干扰当前的系统运行。

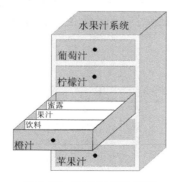

图 3-57　配方结构示意图

图 3-58　控制配方属性视图

配方传送控制方式（如图3-59所示）可通过组态"同步变量"和"变量离线"来改变，具体组态如下：

1）选中不带"同步变量"的配方，只显示已读取数据记录的数据，并且这些数据只能在配方视图中进行编辑，不会写入对应的变量和PLC中。

2）选中带"同步变量"和"变量离线"的配方，从PLC或存储介质中读取的数据记录的数据是写入为配方所组态的变量还是从中读出，是由"同步变量"选项来指定的；"变量离线"选项确保将输入数据写入变量而非直接传送到PLC中。

3）选中带"同步变量"但无"变量离线"的配方，输入的数据立即传送到变量和PLC中。

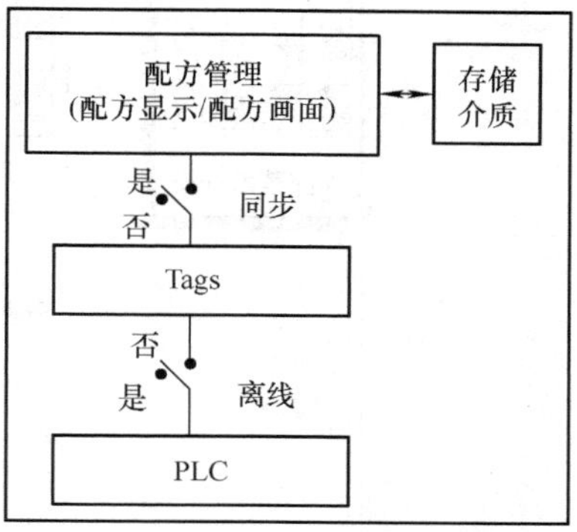

图3-59　传送控制的方式

在图3-60中选中传送"同步"组态时，可以设置与PLC是否同步。在同步传送的情况下，PLC和HMI设备均在共享数据区中设置状态位。在"连接"编辑器的"区域指针"中为每一PLC独立地指定数据区的地址范围，如图3-61所示VW10起始数据区的地址长度是6，可防止在控制程序里对数据的任意覆盖。

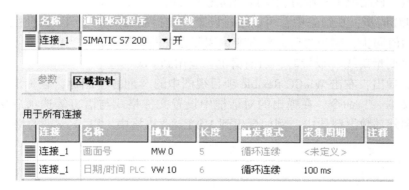

图3-60　组态PLC同步

图3-61　区域指针

2. 配方传送类型

HMI设备将配方数据记录存储在存储介质（例如闪存设备或硬盘）中。可以通过HMI设备显示屏在配方视图或配方画面中编辑配方数据记录。在传送控制方式下，配方数据传送可能的类型如图3-62所示，图中示出了配方数据记录是如何传送的。

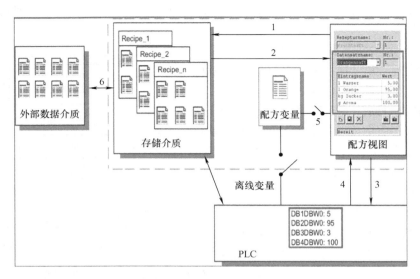

图 3-62　配方数据传送类型

图 3-62 中数字标号功能如下：

1）保存：将配方视图或配方画面中改变的值写到存储介质的配方数据记录中。

2）装载：用存储介质里的配方数据记录值来更新配方画面里显示的配方变量的值，该功能覆盖配方画面里改变的任何值，当数据记录再次被选择时，配方视图中执行"装载"功能。

3）写入 PLC：在调用"写入控制器"功能时，将配方视图和配方屏幕的值增量下载到 PLC 中。

4）从 PLC 中读出：调用"从控制器读出"功能，将用 PLC 的值更新配方视图或配方画面里指示的值，该功能覆盖配方视图或画面里改变的任何数据。

5）与 PLC 同步：在组态中，可以通过设置"与控制器同步"函数，使配方视图中的值与配方变量的值同步，同步之后，配方变量和配方视图中都包含了当前更新了的值。当没有为配方选择"变量离线"设置时，当前值也会应用到 PLC 中。

6）导入/导出：右击 WinCC flexible 项目视图中的"配方"图标，在弹出的快捷菜单中执行"导出文本…"命令，在弹出的对话框中设置文件格式与语言等选项后保存。数据记录可以导出到外部数据载体中，例如导出到 MS Excel 表格中，以 ＊.csv 的格式保存。

【跟我做】

3.3.3　柠檬汁生产控制配方组态

（1）创建新配方

1）右击 WinCC flexible 项目视图中的"配方"，在弹出的快捷菜单中执行"添加配方"命令，如图 3-63 所示，新配方便在项目视图中创建并作为独立的标签页显示在工作区域。

2）在变量编辑器中创建配方所需要的变量，如图 3-64 所示。

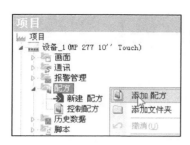

图 3-63　创建新配方

图 3-64　变量编辑器

3）打开配方编辑器，如图 3-65 所示，输入配方名称"柠檬汁"，显示"编号"为 2 表示当前创建的是第二个配方。

图 3-65　编辑配方

4）在图 3-65 中的"元素"选项卡中创建配方元素，按行依次输入名称并选择连接对应的变量。

5）在图 3-65 中的"数据记录"选项卡中创建配方数据记录，如图 3-66 所示。配方数

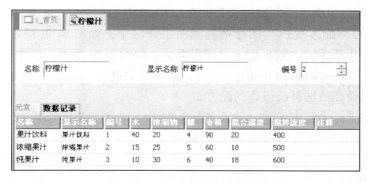

图 3-66　配方数据记录组态

93

据记录是一组在配方中定义的变量值，可以在组态时或 HMI 设备运行时由配方视图输入和编辑数据记录。

6）在配方编辑器（图 3-65）下方的属性视图中，设置配方的属性。在属性视图"数据媒介"窗口中设置存储数据记录的路径，如图 3-67 所示。HMI 设备一般将配方数据记录保存在 Flash（闪存）中。

图 3-67　配方数据媒介组态

（2）配方视图组态　要想在 HMI 设备上显示和编辑配方，需要在过程画面中组态配方视图或配方画面。配方视图是一个画面对象，适合于数据记录较少的配方使用，在运行时可方便、快速地显示编辑配方和数据记录。配方视图有简单和高级两种，如图 3-68（简单配方视图）与图 3-69 所示（高级配方视图）。

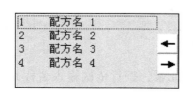

图 3-68　简单配方视图　　　　　图 3-69　高级配方视图

在此以高级配方视图组态创建过程为例介绍配方视图的组态，将 WinCC flexible 工具箱的增强对象组中的"配方视图"图标拖到画面工作区中，如图 6-69 所示。在属性视图的"常规"对话框中组态配方、数据记录、视图类型，如图 3-70 所示。具体功能如下：

1）如果指定了配方的名称（如柠檬汁），运行时只能对该配方进行操作；反之（未定义），在运行时由操作员选择已组态的配方。

2）如果指定了一个配方名称，并且在图 3-70 中勾选了"显示选择列表""显示表格"，则配方运行时将弹出配方视图中的列表与表格。

3）如果为配方和数据记录组态了"用于编号/名称的变量"，在 HMI 设备上选择的配方和数据记录的编号或名称将在运行时写入这些变量中。反之，通过输入相应的值可以用变量选择配方或数据记录。

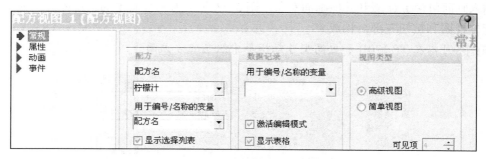

图3-70　配方视图常规组态

4）如果只允许用户使用配方视图查看配方数据，禁止对配方数据记录进行修改，可以不选中"激活编辑模式"。

5）"可见项"只用于简单配方视图。

在属性视图的"属性"对话框中，可分别组态外观、布局、显示、文本等，如图3-71所示。

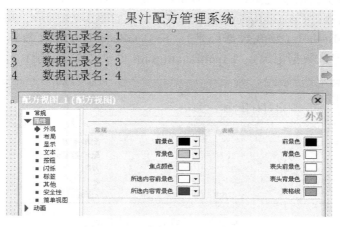

图3-71　配方视图属性组态栏目

为配方视图组态按钮，可以方便快捷地实现系统控制功能，选中图3-72所示按钮组态，按钮功能如图3-69所示。

图3-72　高级配方视图按钮组态

（3）配方画面组态　当数据记录元素较多时，可以使用配方画面来自定义编辑数据记录的用户界面。配方画面是一个过程画面，其中包含了一个用于配方的单独的输入画面。可以根据主题将大型配方延伸到多个过程画面中，并使用图形画面对象等特性生动地显示它们。

输入画面包含 I/O 域和其他画面对象。图 3-73 所示为一个简单的组态配方画面，由 I/O 域、配方视图和按钮三部分构成。

注：只可以在 TP 170B 和更高型号触摸屏中组态配方画面。

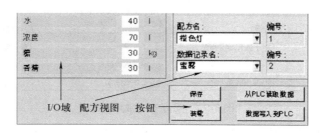

图 3-73　简单配方画面

必须在配方视图的属性视图中选择"同步变量"，才能在配方视图外组态的 I/O 域中输入配方数据记录值。

图 3-73 中所示的按钮即为配方视图外按钮的组态，使用系统函数组态配方功能实现。例如"保存"按钮为组态系统函数"SaveDataRecord"，如图 3-74 所示；"从 PLC 读取数据"按钮为组态系统函数"GetDataRecordTagsFromPLC"，如图 3-75 所示。其他按钮配方功能组态函数有 LoadDataRecord（装载数据记录）、SetDataRecordToPLC（数据写入到 PLC）、ImportDataRecords（导入数据记录）、ExportDataRecords（导出数据记录）等，此处不再详述。

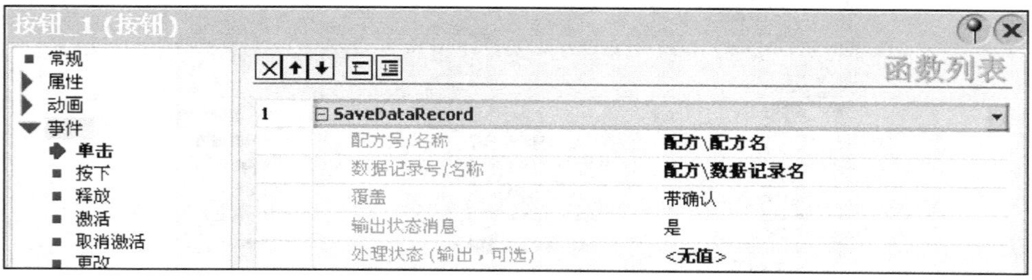

图 3-74　"保存"按钮组态

图 3-75　"从 PLC 读取数据"按钮组态

（4）配方视图的运行

上述组态设计过程完成后，保存好项目。PLC 在 RUN 模式下进行配方视图的运行：

1）在线运行。配方视图与 PLC 直接连接时的运行（组态时选中配方属性视图中的"同步变量"和未选中"变量离线"）。

① 在 SIMATIC 管理器中创建监视果汁成分的变量表，如图 3-76 所示，在变量表中监视与配方有关的变量值。

② 单击 WinCC flexible 工具栏中的“启动运行系统”按钮，开始在线运行，运行时的配方视图画面如图 3-76 所示。

由于配方视图与 PLC 直接连接，单击图 3-77 中的“▼”按钮，在出现的列表框中选择“果汁饮料”数据记录，配方视图将会显示配方条目的值，这些值和 PLC 监视变量表中的配方变量值完全相同。如果在配方视图中将数据记录由“果汁饮料”切换到“纯果汁”，配方视图中的条目值、PLC 变量表中配方数值、以及 HMI 画面上 I/O 域中的变量数值也立即产生相同的变化，表明配方视图中修改的条目值会马上传送到 PLC 中。

	地址	格式	当前值	新值
1	MW12	十六进制		16#002D
2	MW14	十六进制		16#001E
3	MW16	十六进制		16#002D
4	MW18	十六进制		16#01F4

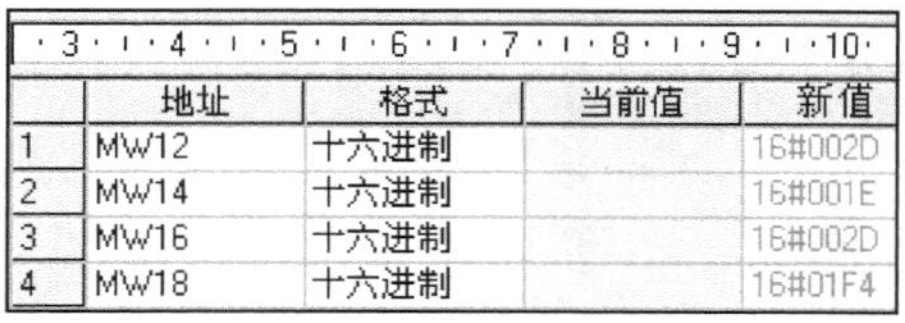

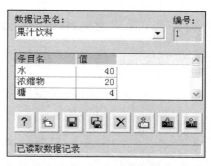

图 3-76　变量表监视

图 3-77　运行时的配方视图

③ 对配方视图中的“到 PLC”、“来自 PLC”、“同步变量”、“删除”、“保存”等按钮逐个单击模拟运行，观察配方视图中的条目值、PLC 的变量表中配方数值、HMI 画面上 I/O 域中的变量数值的变化情况。

2）离线运行。选中“变量离线”时的运行（组态时同时选中配方属性视图中的“同步变量”和“变量离线”），配方视图中输入的数值只是保存在 HMI 设备的变量中，不会直接传送到 PLC。

① 单击 WinCC flexible 工具栏中的“启动运行系统”按钮，开始离线运行。修改配方视图中的某个条目后，单击图 3-73 中的“数据写入到 PLC”按钮，将配方视图中的数据下载到 PLC，在 SIMATIC 管理器中单击变量表，监视变量表中数值变化。

② 在 PLC 编程软件 STEP7 的变量表中，修改某一配方成分的值，单击图 3-73 中的“从 PLC 读取数据”按钮，观察配方数据记录是否上传到 HMI 的配方视图中。

3.3.4　配方报表组态（实用高档 HMI）

配方报表用于归档过程数据和完整的生产周期，可以报告并打印配方数据，打印报警记录，也可以创建班次报表，输出批量生产数据，还可以对生产制造过程进行归档。配方报表具体组态过程详见下述。

（1）创建报表　打开报表编辑器，双击系统视图“报表”中的新建报表，并命名为“配方报表”，如图 3-78 所示，在其属性视图的“常规”和“布局”对话框中对配方报表进行报头、报尾、页眉、页脚等常规和布局组态。

（2）报表各项功能组态　单击图 3-78 中页眉左侧的“+”按钮。打开后，插入文本“果汁搅拌系统配方报表”等，如图 3-79 所示，并将工具箱中的“日期时间域”和“报表”组的“页码”对象分别插入报表编辑器页面的页脚中。

图 3-78　配方报表编辑器

图 3-79　报表表头组态

再将"打印配方"对象由工具箱中的"报表"组拖入报表的详细页面 1 中，如图 3-80 所示。

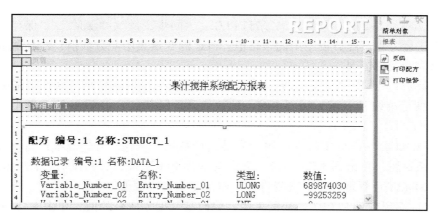

图 3-80　打印配方组态

在"打印配方"属性视图中，对报表的"常规"外观"布局"等进行组态设置，如图 3-81 所示。

图 3-81　打印配方报表组态

在图3-81所示的"布局"组态中，按"列"格式输出的配方报表如图3-82所示。也可组态按"行"输出格式的报表。

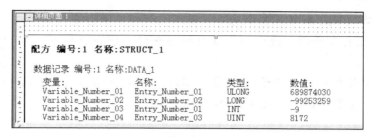

图3-82 按"列"格式输出的配方报表

（3）"输出配方报表"组态 WinCC flexible可以用两种方法输出报表，第一种方法为在画面中组态一个名为"打印配方报表"的按钮，该按钮组态事件函数为"PrintReport"，打印名为"配方报表"，如图3-83所示。如果HMI设备连接了一台打印机，工作运行中单击该按钮，就可输出打印这个配方报表。

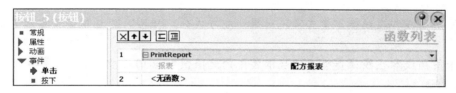

图3-83 打印报表的按钮组态

另一种"输出配方报表"是通过"调度器"组态来实现按时间控制报表输出。组态操作过程为：

1）双击项目视图"设备设置"下拉图标中的"调度器"，在工作区域中就可看到新打开的画面。

2）在调度器工作编辑区中，创建"打印白班生产报表"和"打印夜班生产报表"，并分别对它们设置打印时间，选择系统函数"PrintReport"和报表选择列表中的"配方报表"，如图3-84所示图中选择设置"每日"打印一次，夜班执行时间为"5:19"，如果打印机设备连接运行正常，在设定的时间打印机会输出打印配方报表。

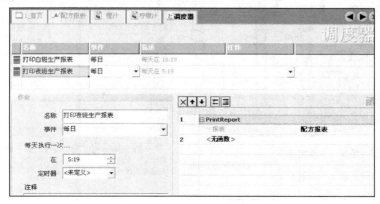

图3-84 调度器按时间控制报表输出

【在线开放资源】

1）中国大学 MOOC 和蓝墨云班课——资源："项目3 任务3"中配方组态数字化文本资源、配方组态操作视频和配方组态过程中的微课视频。

2）HMI 技术论坛——西门子（中国）官网（http：//www. ad. 西门子（中国）官网

siemens. com. cn）主页中的"工业支持中心"→"找答案"。

【工程实践】 果汁饮料生产加工中使用配方功能监控模拟

1. 任务要求

模拟实现果汁饮料生产加工中使用配方功能监控，具体要求如下：

1）果汁饮料生产配方系统能够模拟运行，即组态控制画面中的各项功能元素在 HMI 中可操作。

2）采用离线和在线操作模式实现对果汁配方成分"棒图"变量值的设定和 PLC 模拟输出控制。

3）采用离线和在线操作模式实现灌装中的超限报警与 PLC 控制。

2. 所需设备

触摸屏一台，电源模块 220V/24V，CPU 模块 224XP/CN，PC/PPI 电缆，计算机一台。

3. 执行步骤

1）组态如图 3-85 所示的果汁生产配方管理功能画面。

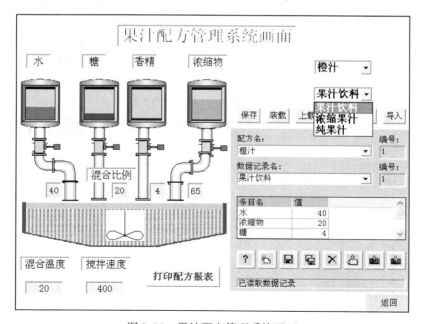

图 3-85　果汁配方管理系统画面

图 3-85 左半部分为灌装生产图形与配料 I/O 域，右半部分为产品选项符号 I/O 域、配方按钮和配方视图，配方变量组态如图 3-86 所示，配方数据记录组态如图 3-87 所示，配方按钮组态如图 3-72 所示。

名称	连接	数据类型	地址	数组计数	采集周期
香精	连接_1	Int	VW 6	1	100 ms
糖	连接_1	Int	VW 2	1	100 ms
水	连接_1	Int	VW 0	1	100 ms
色素	连接_1	Int	VW 4	1	100 ms

图 3-86　配方变量组态

元素	**数据记录**					
名称	显示名称	编号	水	糖	色素	香精
可乐	COLA	3	100	50	30	5
汽水	汽水	4	100	50	5	5
果汁	JULICE	2	50	20	10	20

图 3-87　配方数据记录组态

2）组态配方报表（略）。

3）PLC 程序设计。模拟果汁饮料生产加工中的 PLC 控制参考程序如图 3-88 所示。Q0.4、Q0.5、Q0.6 分别表示糖、香精、浓缩物的配料阀。

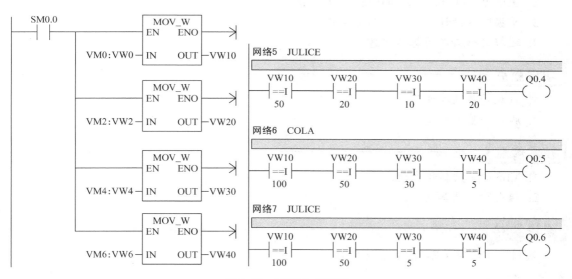

图 3-88　测试参考程序

4）系统模拟运行

① 从 PLC 中读取配方数据记录，将读取的值写入至当前显示在 HMI 设备上的配方记录中，并进行如下操作，同时观察 HMI 设备上配方视图中信息的变化情况。

● 在 HMI 设备上选择配方。

● 在 HMI 设备上选择想要用来从 PLC 取值的配方数据记录。

● 使用配方视图中的"来自 PLC"按钮或 HMI 设备上具有该功能的按钮。

● 使用配方视图中的"保存"按钮或 HMI 设备上具有该功能的按钮。

② 传送配方记录至 PLC，进行离线或在线编辑配方：

● 离线：在配方视图中，使用配方视图中的"写入至 PLC"按钮或 HMI 设备上具有该功能的按钮，将更改了的果汁成分数据传送到 PLC，由变量表监控数据变化情况。

● 在线：随着 PLC 循环扫描的进行，数据立即传送到 PLC，由变量表监控数据变化情况。

③ 导出配方数据记录，进行如下操作：在配方画面上按下组态有"导出"功能的按钮，查看在运行系统中创建的新的数据记录是否导出到一个外部文件中。

4. 工程实践报告书

完成工程实践报告书（参见附录 A）。

5. 工程实践考核

完成工程实践考核表（参见附录 B 的表 B-2）。

任务 4　　触摸屏脚本控制功能组态

学习目标

1. 认识触摸屏脚本高级控制运行方式和功能。
2. 理解 WinCC flexible 如何使用 VBScript。
3. 掌握脚本设计下的系统函数及其使用。
4. 理解运行脚本的基本信息。

知识重点

1. 系统函数及其使用。
2. 脚本的基本信息。

技术难点

1. VBScript 控制程序设计。
2. 组态脚本及其使用。

建议学时

实训室 4 学时 + E-Learning 2 学时。

任务导入

针对 PLC 控制系统中的数值转换以及自动化生产过程中的设备运行状态，如果需要检查控制状态和启动相应的控制措施，可以使用触摸屏返回 PLC 运行值来组态实现，而不必通过 PLC 控制程序离线再编程来实现，这就是触摸屏高级脚本控制功能。

任务描述

使用 VBScript 编程实现一个简单的 PLC 控制实验，实现 S7-200 的位输入和位输出。

【跟我学】

3.4.1 脚本中的系统函数及其使用

1. 系统函数

WinCC flexible 提供了预定义的系统函数，以用于常规的组态任务。可以用它们在运行系统中完成许多任务，而无需编程。当然也可以通过运行脚本来解决更复杂的问题。运行脚本具有编程接口，可以在运行时访问部分项目数据，运行脚本的使用是针对具有 Visual Basic（VB）和 Visual Basic Script（VBScript）知识的项目设计者的。

系统函数是预定义函数，不能被改变，在运行时可用来执行许多任务，甚至不需要任何编程知识。系统函数可用在函数列表或脚本中。组态函数列表时，从选择列表选择按类别排序的系统函数；在脚本中使用系统函数时，可以使用 < Ctrl + Space > 调用脚本中系统函数的选择列表进行选择，或在脚本工作区单击右键选择"列出系统函数"，如图 3-89 所示，在弹出的函数列表（图 3-90）中即可选择所需的系统函数。系统函数的名称取决于设置的项目语言，项目设计者能立即识别其功能，在脚本中调用系统函数时，一定要使用系统函数的英语名称，系统函数的英语名称可以在系统函数参考中找到。

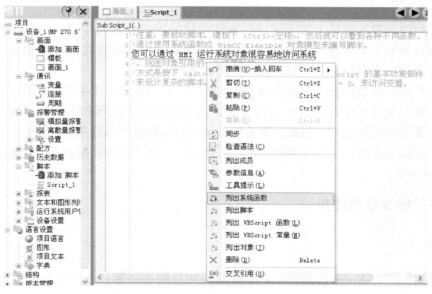

图 3-89 列出系统函数

2. 系统函数的使用

（1）按序处理系统函数 函数列表中的系统函数按序处理，即执行时是从第一个系统函数按序执行到最后一个系统函数。为了避免等待，需要运行较长时间的系统函数（例如文件操作）可同时处理，也就是说，即使前一个系统函数还未完成，后一个系统函数也可以先被执行。

（2）脚本中的系统函数　在脚本中，能够使用与代码中的命令和要求相关的系统函数，如图3-90所示，这样，可以根据指定系统的状态执行脚本。比如可以判断系统函数的返回值，根据返回值，可以执行测试函数反过来影响脚本进程。

图 3-90　系统函数列表

3. 运行时函数列表的完成

系统运行时函数列表从上至下完成。系统函数的完成分为同步完成和异步完成两种形式，系统运行期间不必等待，系统通过判断系统函数的不同运行时间来区别同步和异步完成。脚本总是独立于运行系统，与系统函数同时进行处理。

同步完成时，函数列表中的系统函数依次执行，必须在上一个系统函数完成后，下一个才能执行。执行文件操作（诸如存储和读取）的系统函数，比那些设置变量数值之类的系统函数需要更长的运行时间。因此，需要较长运行时间的系统函数采用异步执行方式，当系统函数写入存储介质时，下一个系统函数已开始执行，由于系统函数是并行完成的，避免了HMI 设备的等待。

3.4.2　脚本及其使用

1. 脚本功能

可以从 OP 270/TP 270 以及高档触摸屏获得运行脚本功能，也可从 WinCC flexible（标准版）获得。WinCC flexible 支持 VBScript 编程语言。使用运行脚本可以灵活地实现组态，在系统运行时若需要额外功能，则可以创建运行脚本，例如：

1）数值转换。可以在不同度量单位之间使用脚本来转换数值，例如温度。

2）生产过程的自动化。脚本可以通过将生产数据传送至 PLC 控制生产过程。如果需要，可以使用返回值检查状态和启动相应的措施。

3）可以在脚本中保存自己的 VB Script 代码，在项目中可以将脚本作为系统函数来使用，在脚本中可以访问项目变量和 WinCC flexible 运行时的对象模块。

4）在脚本中编写 VB Script 代码时，可以像使用系统函数一样使用项目中完成的脚本，创建脚本时，确定其型号并定义传送参数。脚本有两种类型：函数和 Sub（子程序）。函数类型的脚本具有一个返回值；Sub 类型的脚本作为"过程"引用，没有返回值。

5）可以在脚本中调用其他脚本和系统函数，可以通过使用运行时对象模块访问 WinCC flexible 运行时对象。当调用系统函数时，要使用系统函数的英语名称。在脚本中可以使用 VBScript 的全部函数，但不包括用户交互作用的函数，例如"MsgBox"函数。

2. 脚本与运行

使用脚本可以体现出编程语言控制元素更多的灵活性。系统运行时使用脚本，可以在项目中实现单个解决方案，例如：

1）组态高级函数列表。可以像使用函数列表一样来使用脚本。可以根据条件执行某个脚本中的系统函数和其他脚本，或重复执行它们，然后将该脚本添加到函数列表中，如图 3-91 所示。

图 3-91　脚本中的系统函数

2）编写新函数。脚本在整个项目中可用，可以将脚本当作系统函数一样使用。可以为脚本定义发送参数和返回值，比如可以使用脚本来转换数值。

3）当组态事件发生时，为对象（例如画面对象或变量）的事件组态函数列表时，可用事件及可组态系统函数取决于所选择的对象和 HMI 设备。所有事件仅在项目处于运行时产生，例如以下几个典型事件：变量的数值改变、按钮按下、运行系统激活。

4）同一项目可使用不同的 HMI 设备。在项目中改变 HMI 设备时，选定的 HMI 设备不支持的所有系统函数和脚本都会标记为黄色。不支持的系统函数在运行时不能执行。

为了避免按顺序和按条件执行过程，可以使用具有循环、条件语句和取消请求的脚本。

3. 组态脚本函数列表

通过在选择列表中选择系统函数和脚本来组态函数列表，系统函数根据类别排列在选择列表中，脚本可在"脚本"一栏列表中找到。

组态函数列表的步骤如下：

1）打开 WinCC flexible 中对象所在的编辑器。

2）使用鼠标选择对象。

3）在属性视图中，单击需要在其中组态函数列表的"事件"组中的事件。

4）在属性窗口中使用鼠标从选择列表中选择条目"＜无函数＞"。

5）从选择列表中选择期望的系统函数或脚本，也可以输入脚本或系统函数的名称。

6）如果系统函数或脚本有参数，那么选择与参数相对应的数值。

7）如果要添加其他系统函数或功能到函数列表，重复步骤4～6。结果如图3-92所示。

图3-92　组态函数列表

4. 编辑函数列表

函数列表可以编辑如下内容：更改函数列表的完成顺序；删除函数或脚本。编辑函数列表的步骤如下：

1）打开 WinCC flexible 中对象所在的编辑器。

2）使用鼠标选择对象。

3）单击想要编辑其函数列表的事件的事件组的属性视图。

4）若要更改函数列表的完成顺序，使用鼠标在选择列表中选择期望的系统函数或脚本。

5）在属性窗口中单击相应的方向箭头直到系统函数或脚本处于期望的位置。

6）若要从函数列表中删除系统函数或脚本，使用鼠标选择所要删除的系统函数或脚本，然后单击属性窗口中的"删除"按钮，或按＜Delete＞键，如图3-93所示。

图3-93　编辑函数列表

此外，可以按住 < Ctrl > 键使用鼠标选择多个系统函数和脚本，通过拖放功能来同时移动它们，改变它们在函数列表中的顺序。

5. 数值的发送和返回

调用脚本和系统函数时，参数以"按值调用"原理发送。例如，如果将某个变量作为参数发送，则在执行脚本时会将该变量的值发送给脚本。

返回值可以返回计算的结果（例如两个数字的平均值）。另外返回值也可以给出指令是否正确执行的信息。因此，执行诸如"删除"文件操作的系统函数也具有返回值。需要注意的是，系统函数的返回值仅能分配给外部或内部变量，要脚本能返回数值，必须为脚本选择"Function"类型。

6. 运行时使用 VBScript 改变对象属性

在运行时，可使用 VBScript 来访问画面对象的对象属性以及变量，使用 VBScript 改变对象属性的数值时，对项目数据无影响。当在运行时使用 VBScript 改变画面元素的对象属性时，该改变仅在画面激活期间保持有效，一旦改变或重新刷新画面，则显示原来组态的对象属性。当在运行时改变语言，外国语言标签从组态数据中装载。如果使用 VBScript 改变了文本，则该文本被覆盖。

【跟我做】

3.4.3　脚本组态

（1）创建脚本　通过创建一个新脚本或打开一个现有的脚本来自动打开脚本编辑器，如图 3-94 所示，脚本编辑器用于创建和编辑脚本。创建脚本步骤如下：

1）用鼠标在项目窗口中选择"脚本"元素。

2）在"脚本"弹出式菜单中选择"添加脚本"命令。在工作区域中脚本被设置为新建标签，脚本组态设置的输入掩码在属性窗口中打开。

3）在属性窗口中为脚本输入一个有意义的名称。

4）从属性窗口中选择脚本类型。

5）如果脚本中需要参数，那么在属性窗口中输入参数名称并单击"添加"按钮。

只有当脚本还未在函数列表中组态或在其他脚本中调用时，才可以改变脚本的参数或类型。

（2）编写脚本代码　只需在脚本中写代码的主干，程序标题和函数标题已通过属性窗口中的声明定义。在脚本中使用项目变量时，可以使用拖放功能将项目变量从对象窗口拖出，放入脚本相应的代码行中，也可使用智能变量列表添加项目变量。此外，变量也可以通过对象列表的方式插入到脚本中，使用组合键〈Alt + Right〉调用对象列表。

使用组合键 < Ctrl + Space >，可以在脚本中调用对象列表，其包含所有对象、方法、系统函数和 VBScript 标准函数。

图 3-94　脚本编辑器

脚本代码的编写步骤如下（如图 3-95 所示）：

1）双击想要写入代码的脚本的项目窗口，脚本打开。

2）编写代码。

3）如果脚本是"Function"类型，分配函数名称给返回值。

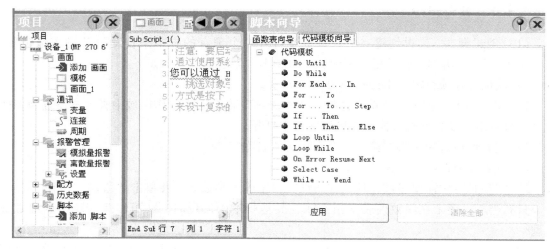

图 3-95　编写脚本代码

（3）访问变量

1）可以在脚本中访问项目中建立的外部和内部变量。变量值可以在运行时读取或改变。脚本中可以建立作为计数器或缓冲区存储器的局部变量。脚本从运行系统存储器中获取外部变量的值，运行系统启动时，将从 PLC 读取实际值，并将其写入运行系统存储器。脚本在上一个扫描周期检查点首先访问从 PLC 读取的变量值。如果项目中的变量名称符合 VBScript 名称规定，则变量可以直接在脚本中使用；如果项目中的变量名称不符合 VBScript 名称规定，那么变量必须通过"智能变量列表"来引用。如果局部变量名称不符合 VBScript 名称规定，可以使用 Dim 语句在脚本中定义局部变量，局部变量仅可在脚本中使用。变量名不符合 VBScript 名称规定时不出现在变量编辑器中。

注意：如果需要在 For 语句中使用变量，则必须使用局部变量。在 For 语句中不允许使用项目变量。

2）变量与对象的同步。若改变 WinCC flexible 中的对象名，改变将影响整个项目。这种改变在脚本中被识别为"同步"。

在变量编辑器中定义想要在脚本中使用的变量，如"Oil Temperature"，组态时可添加该变量，也可对其执行更改和删除操作，如图 3-96 所示。

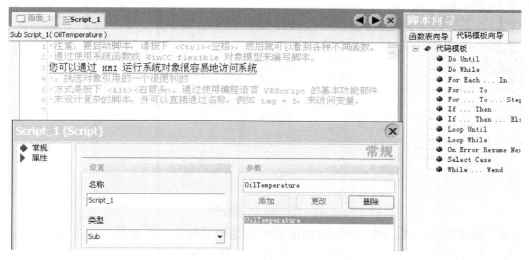

图 3-96　访问变量组态

重命名时，脚本的状态不同，变量的同步方式也不同。

① 重命名时脚本为打开状态。旧变量名在脚本中用蓝色波浪下划线标出。将指针移动至变量名上时，会显示工具提示。单击"同步"按钮时，变量在脚本中被重命名。

② 重命名时脚本为关闭状态。再次打开脚本时，变量自动同步。

（4）测试与存储脚本

1）脚本测试。编程时，在后台进行代码测试，测试脚本的语法正确性和对象引用的有效性，有语法错误时用波浪线标出。使用脚本编辑器的测试功能来确定代码中所有出错位置并输出出错消息，还会输出由 VB 脚本分析程序所创建的出错消息，要检查脚本的逻辑编程错误，需使用独立的调试程序。

脚本测试步骤如下：

① 在项目窗口中双击想要测试的脚本，将脚本打开。

② 在工具栏上，单击"检查语法"按钮。如果脚本语法正确且所有对象引用均有效，会在"输出窗口"中输出成功的消息，如果脚本包含错误，所有的错误将在"输出窗口"

中显示，光标位于脚本中出现错误的地方。

2）存储脚本及重命名脚本。通过存储项目存储脚本。如想要在另一台计算机上使用脚本，可以将脚本代码复制到文本文件或使用复制粘贴功能传送到另一项目。在项目窗口中用鼠标选择想要重命名的脚本，从脚本的快捷菜单选择"重命名"命令，如图 3-97 所示，并输入脚本新名称后按下 <ENTER> 键，即可对脚本进行重命名。也可以在属性窗口中重命名脚本。

图 3-97　脚本的重命名

（5）调试脚本　调试用于运行时测试脚本的逻辑编程错误。例如，可以测试是否发送了正确的数值到变量，以及取消术语是否正确实现等。要调试脚本，要使用 Microsoft Office XP 提供的 "Microsoft 脚本调试器" 或 "Microsoft 脚本编辑器"。如脚本包含 VBScript 函数，则必须区分 "Windows 的 VBScript" 和 "Windows CE 的 VBScript"，因为两者有些函数是不同的，如 CreateObject 函数。

调试器检查 "Windows 的 VBScript" 的语法，如果脚本包含 Windows CE 的函数，系统会输出相应的报警，调试时可识别下列错误类型：

① 运行错误。当尝试执行一个无效或错误的指令时，例如变量未定义时，就出现运行错误。

② 逻辑错误。当所预期事件未发生，例如当检查到条件错误时，则产生逻辑错误。为了解决逻辑错误，应逐步检查脚本以找出脚本无效部分。

1）集成调试程序

① Microsoft 脚本编辑器。Microsoft Office XP 组件 "Microsoft 脚本编辑器" 中包含了一个脚本调试程序。如果以默认的设置安装 Microsoft Office，"Microsoft 脚本编辑器" 组件被设为 "首次使用时安装"。如果要明确地安装这个组件，必须在 Microsoft Office 安装时指定它，在组件选择窗口里单击 "Web 调试程序"，选择 "从我的电脑上运行" 选项。

② Microsoft 脚本调试器 如果计算机没有脚本调试程序可用，可以免费从 Microsoft 网站 （www. microsoft. com） 上下载 "Microsoft Script Debugger" （scd10en. exe）。安装后它将随 WinCC flexible 自动启动。如果计算机上安装有其他的脚本调试程序，"Microsoft 脚本调试器" 将无法使用。

2） 调试程序。在组态计算机上安装 VBS 调试程序 （例如 MS 脚本调试程序） 和 WinCC flexible 运行系统，并打开项目，调试步骤如下：

① 启动调试程序。在工具栏上单击 "使用脚本调试程序启动 WinCC flexible" 按钮。运行的系统软件在组态计算机中搜索已安装的调试程序。如果找到多个调试程序，那么单击期望的调试程序。也可以从 MS Windows 中的 "完成" 对话框中启动调试程序，即输入下列命令："HmiRtm/ScriptDebug / ＜ Configurationfile ＞"。还可以在 Windows 资源管理器的组态文件下拉菜单中选择命令 "调试" 来启动程序。

② 操作调试程序。可以从所使用的调试程序的文档中学习如何操作调试程序。

③ 停止调试程序。运行系统软件关闭时调试程序不会自动关闭，需要单独关闭调试程序。

【在线开放资源】

1） 中国大学 MOOC 和蓝墨云班课——资源："项目 3 任务 4" 中的数字化文本资源和教学与操作视频。

2） HMI 技术论坛——西门子 （中国） 官网 （http：//www. ad. siemens. com. cn） 主页中的 "工业支持中心" → "找答案"。

西门子 （中国） 官网

【工程实践】 使用 VBScript 实现一个简单的 PLC 控制实验

1. 任务要求

将一台 MP270 触摸屏与一台 S7-200 PLC 相连，不在 S7-200 中进行编程，完全由脚本编程实现控制功能。用 S7-200 的 Q0.0 ~ Q0.7 作为输出，模拟实物 8 盏灯。当 I0.0 为开 （1） 时，Q0.0 ~ Q0.7 仅 1 盏灯亮，并不断右移；当 I0.0 为关 （0） 时，Q0.0 ~ Q0.7 仅 1 盏灯亮，且随机点亮。

2. 所需设备

MP270 触摸屏一台、电源模块 220V/24V、S7-200、PC/PPI 电缆和计算机。

3. 执行步骤

1） 硬件准备

① 硬件连接，将一台 MP270 触摸屏与一台 S7-200 PLC 相连，并分别为两者供电。

② 清空存储区，将 PLC 与计算机通过数据通信电缆连接，然后打开 Step7 编程软件清空 PLC 控制器程序存储区。

2） 变量与连接组态

① 组态变量与连接，在 WinCC flexible 中组态 MP270，组态连接 "连接_ 1"，如图 3-98 所示。

② 组态变量（如图 3-99 所示）。

Ctrl——S7-200 输入 I0.0，控制方式位。

QB——S7-200 输出 Q0.0 ~ Q0.7，点亮输出灯，基值为 1。

Output——内部变量，用于编程处理，基值为 1。

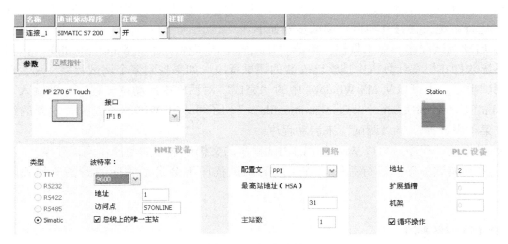

图 3-98 组态连接

名称	连接	数据类型	地址 ▼	数组计数	采集周期	注释
Ctrl	连接_1	Bool	I 0.0	1	100 ms	
QB	连接_1	Byte	QB 0	1	1 s	
Output	<内部变量>	Byte	<没有...	1	1 s	

图 3-99 组态变量

3）组态画面

① 组态模板，如图 3-100 所示；

图 3-100 组态画面模板

② 创建"画面_1"（如图 3-101 所示）。

图 3-101 脚本运行界面

组态"随机点亮"——文本域。

组态"关"——文本列表_1。连接变量 Ctrl，为"1"时显示绿色"开"；为 0 时显示红色"关"。

组态"0"——变量 Ctrl 的当前值。

组态"00000001"——变量 QB 的当前值。

组态"▉▉▉▉▉▉▉▉"——图形列表_1。连接变量 QB，当 QB = 1 时显示图形列表；当 QB = 0 时，隐藏此图形列表。

当然，也可以隐藏"0"和"00000001"两个输出域。

4）编写 VB 脚本。

新建脚本"alt"，并应用于"画面_1"的"事件 > 加载"，及变量"QB"的"更改数值"。代码如下：

```
Dim r
While 1
    If SmartTags("ctrl") Then
        Do
            Randomize
            r = Int(8 * Rnd)
        Loop Until SmartTags("output") < > 2^r
        SmartTags("QB") = 2^r
        SmartTags("output") = 2^r
    Else
        SmartTags("output") = SmartTags("output") \2
        If SmartTags("output") = 0 Then
            SmartTags("output") = 128
        End If
        SmartTags("QB") = SmartTags("output")
    End If
Wend
```

5）运行。脚本测试与运行，如图 3-101 所示。

项目4 综合工程设计与应用

本项目针对近年来基于触摸屏组态PLC控制的应用案例，对其理论知识与技能点的共性归纳提炼，将案例中复杂的控制系统架构和工程技术实践，分解成对工程项目技术点的逐步实施，从而使得应用案例通俗易懂，且易于上手实践。

综合任务1 果汁生产系统组态控制设计与物理仿真

学习目标

1. 理解组态控制技术应用设计中的项目工艺流程。
2. 理解果汁生产系统控制中的变量分配。
3. 掌握果汁生产系统控制的人机界面设计。
4. 掌握果汁生产系统组态控制模拟运行和仿真测试。

技术难点

1. 果汁生产系统控制中的变量分配。
2. 果汁生产系统控制的人机界面设计。
3. 果汁生产系统组态控制模拟运行和仿真测试。

任务描述

在搭建的基于触摸屏的小型PLC控制硬件系统上，模拟一个现代企业自动化果汁生产系统组态控制系统，要求完成如下内容：

1. 系统控制变量的分配和组态。
2. 控制对象的画面设计。
3. 系统的模拟运行和测试。

【跟我学】

4.1.1 果汁生产组态控制

1. 工程背景与需求

随着全球现代工业化进程的推进，工业生产自动化水平不断提高，PLC与HMI在其中的应用也不断增加。当前各种形式的饮料生产系统在世界各国快速地运转，要实现生产系统的自动运转控制，可以采用传统的电气控制，也可用单片机控制，还可以用PLC控制。本项目主要探讨用 PLC 和触摸屏对果汁生产系统画面组态进行物理仿真控制设计，实现果汁生产系统的加工过程：进料、搅拌、装瓶的流水线自动化生产。

2．工程工艺流程

果汁生产系统工艺流程主要包括以下几个方面：

① 已配比好的香精、水、浓缩物、糖进入各自料罐，在此判断各自的容量是否超出高、低限值。

② 如果超高则打开放料阀，降到超高限值时关闭阀；如果超低则关闭放料阀，继续进料直至超高限值。

③ 放料阀定时打开时间到则全关闭，同时搅拌机启动。

④ 搅拌定时时间到，停止搅拌，并打开搅拌池出料阀。

⑤ 搅拌池出料阀打开定时时间到则关闭，同时成品罐装阀打开。

⑥ 成品罐装阀打开定时时间到则立刻关闭，同时装瓶运输机工作，并进行果汁生产循环。

3．变量的组态

果汁生产系统的各种变量及其属性的组态如图 4-1 所示。

名称	连接	数据类型	地址	数组...	采集周期	注释	▲	数据记录	记录采集
visible	<内部变量>	Int	<没有地址>	1	1 s			<未定义>	循环连续
password	<内部变量>	String	<没有地址>	1	1 s			<未定义>	循环连续
button	连接_1	Bool	DB 1 DBX 0.0	1	1 s			<未定义>	循环连续
flash	<内部变量>	Int	<没有地址>	1	1 s			<未定义>	循环连续
tanklevel	连接_1	Int	DB 1 DBW 0	1	1 s			数据记录_1	循环连续
waterout	连接_1	Bool	DB 1 DBX 2.0	1	1 s	报警视图当中的出水阀		<未定义>	循环连续
waterin	连接_1	Bool	DB 1 DBX 4.0	1	1 s	报警视图当中的进水阀		<未定义>	循环连续
Flash_carryer...	连接_1	Bool	DB 1 DBX 6.0	1	1 s	传送带的可见性		<未定义>	循环连续
stop	连接_1	Bool	M 1.0	1	1 s	传送带瓶子的位置变量		<未定义>	循环连续
水罐	连接_1	Int	DB 1 DBW 2	1	1 s			<未定义>	循环连续
糖罐	连接_1	Int	DB 1 DBW 4	1	1 s			<未定义>	循环连续
香精罐	连接_1	Int	DB 1 DBW 6	1	1 s			<未定义>	循环连续
浓缩物罐	连接_1	Int	DB 1 DBW 8	1	1 s	记录索引		<未定义>	循环连续
username	<内部变量>	String	<没有地址>	1	1 s	用户名比对变量		<未定义>	循环连续
user	<内部变量>	UInt	<没有地址>	1	1 s	用户中间变量		<未定义>	循环连续

图 4-1 变量的组态

4．PLC 硬件地址分配

本生产控制系统中所有阀的开启与关闭、搅拌电动机和装瓶运输机的启停均受 PLC 控制，在触摸屏组态中通过设定变量与 PLC 连接，PLC 硬件地址分配见图 4-1 和图 4-8。

本任务只做画面组态物理仿真控制设计，具体硬件选型和地址分配表等设计，在此不述。

【跟我做】

4.1.2 触摸屏画面组态设计

（1）画面结构设计 根据果汁生产系统的工艺控制要求，需设置的画面有：
① 开机初始画面。

② 用户管理画面，用于用户的登录、注销和用户管理。

③ 控制主画面，包括果汁搅拌系统主画面和果汁装瓶系统主画面，用于监控各主要设备的状态以及相应的变量值。

④ 报警画面，用于查看报警的历史记录。

画面组态的切换关系，以初始画面为主导，开机后显示初始画面，如图4-2所示，在其中设置切换按钮（系统运行、报警、退出系统、欢迎进入果汁生产系统）用于切换到其他画面，其他画面只能切换返回到初始画面，其他画面之间不可切换。

（2）创建初始画面　初始画面（如图4-2所示）主要包括创建左上角图标（用于其他画面返回初始画面）、系统运行、报警、退出系统、欢迎进入果汁生产系统按钮和日期域等。

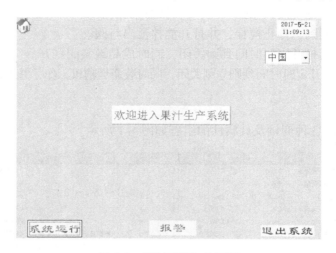

图4-2　控制系统初始画面

（3）用户管理组态　首先创建控制系统的用户组，如图4-3所示组态用户组，并进行管理权限的分配。

组						组权限	
名称	显...	编号	注释		☑	名称	编号
管理员	组(9)	9	管理员具有完全的和不受限制的访问...		☑	操作	1
操作员	组(1)	1	用户拥有限的访问权限。		☑	访问	5
访问组	vistor	5	参观		☑	管理	0
配方组	reciper	7	配方更改人员		☑	监管	4
操作组	operator	6	具体执行配方人员		☑	监视	2
监管组	mananger	4	监督人员		☑	配方	3
工程组	engineer	3	现场工作人员				

图4-3　组态用户组

其次创建管理员、工程师、操作员的组态用户界面，如图4-4所示组态用户。用户管理界面如图4-5所示。

（4）控制主画面设计　控制主画面由搅拌系统主画面和装瓶系统主画面构成，果汁搅拌系统主画面如图4-6所示，画面主要包括：四种物料的"棒图"罐、各物料参数变量值"I/O域"窗口、物料增减值按钮、进料开关、搅拌机启停按钮、阀、搅拌池和输送管道等。

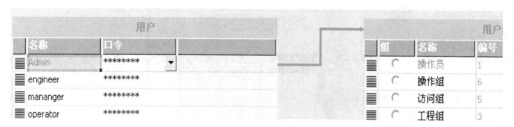

图4-4　组态用户

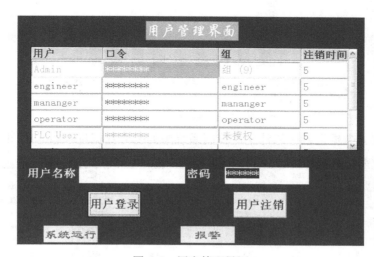

图4-5　用户管理界面

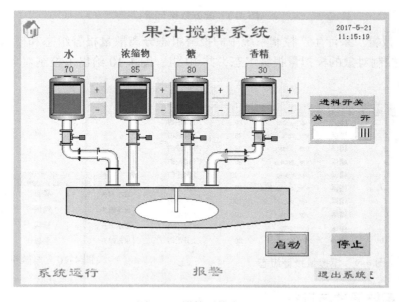

图4-6　搅拌系统主画面

果汁装瓶系统主画面如图4-7所示，画面主要包括：成品罐液位"I/O域"窗口、罐阀、果汁瓶子、运输机、报警记录窗口等。

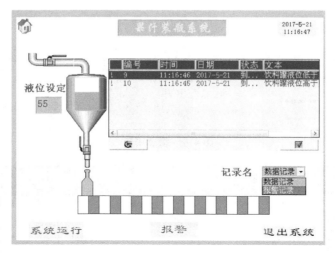

图 4-7　装瓶系统主画面

（5）组态配方数据记录　果汁生产控制系统中的配方数据记录组态如图 4-8 所示。

名称	连接	数据类型	地址	数组计数	采集周期	数据记录	记录采集模式	记录周期
数据记录名	<内部变量>	Int	<没有地址>	1	1 s	<未定义>	循环连续	<未定义>
speed_blender	连接_1	Int	DB 1 DBW 0	1	1 s	数据记录_1	循环连续	5 s
recipe_aroma	连接_1	Int	DB 1 DBW 12	1	1 s	数据记录_1	循环连续	5 s
配方名	<内部变量>	Int	<没有地址>	1	1 s	<未定义>	循环连续	<未定义>
recipe_conce...	连接_1	Int	DB 1 DBW 10	1	1 s	数据记录_1	循环连续	5 s
temperature_...	连接_1	Int	DB 1 DBW 8	1	1 s	数据记录_1	循环连续	5 s
recipe_sugar	连接_1	Int	DB 1 DBW 6	1	1 s	数据记录_1	循环连续	5 s
recipe_water	连接_1	Int	DB 1 DBW 4	1	1 s	数据记录_1	循环连续	5 s

图 4-8　配方数据记录

（6）组态报警　果汁生产控制系统中的报警组态分离散量报警组态和模拟量报警组态，图 4-9 给出了控制对象的模拟量报警组态，共 10 组；图 4-10 给出了控制对象的离散量报警及其属性组态。

文本	编号 ▲	类别	触发变量	限制	触发模式
水数值低于下限	1	错误	var_water	20	下降沿时
浓缩物数值低于下限	2	错误	var_concentrate	25	下降沿时
糖数值低于下限	3	错误	var_sugar	25	下降沿时
香精数值低于下限	4	错误	var_aroma	25	下降沿时
水数值高于上限值	5	错误	var_water	100	上升沿时
浓缩物数值高于上限值	6	错误	var_concentrate	100	上升沿时
糖数值高于上限值	7	错误	var_sugar	100	上升沿时
香精数值高于上限值	8	错误	var_aroma	100	上升沿时
饮料罐液位低于上限	9	错误	tanklevel	20	下降沿时
饮料罐液位高于上限	10	错误	tanklevel	80	上升沿时

图 4-9　模拟量报警组态

文本	编号 ▲	类别	触发变量	触发器位
进水阀关	1	警告	waterin	1
出水阀关	2	错误	waterout	1
进水阀开	7	错误	waterin	0
出水阀开	8	警告	waterout	0

图 4-10　离散量报警组态

4.1.3　系统调试与运行

对本任务设计的控制功能进行物理仿真调试，在仿真调试与运行时，应逐一检查组态的画面是否能实现果汁生产工艺流程的各个步骤，对各种故障的处理是否符合工作要求，执行步骤如下。

（1）用户管理界面操作 单击"用户登录"按钮，在弹出的对话框中输入已组态的用户名和口令，单击"确定"按钮，观察用户视图中是否出现成功登录的用户信息，管理员是否能修改其他用户的名称和口令，以及口令是否有效。再检查下一步各授权画面的权限是否正确。

（2）画面切换功能操作 启动模拟运行系统，在初始画面中单击各切换按钮（如图4-2所示），观察能否按照设计要求切换到对应画面，在其他功能画面中单击初始画面按钮，观察能否返回初始画面。

（3）主画面和设备状态画面操作 在运行模拟器中为各类控制按钮添加Bool变量，将其值设为"1"或"0"，观察对应设备图形对象的变化情况。在运行模拟器中为果汁四种物料I/O域添加Int型变量，单击I/O域参数窗口，观察能否实现输入/输出参数。

（4）检查报警画面 在运行模拟器中生成变量"事故信息"，将图4-9所示的四种物料以及液位值设为超上、下限值，选中运行后观察当前显示的画面报警窗口和闪动的报警指示器。单击报警窗口中的"确认"按钮，报警指示器停止闪动，在报警视图中查看记录了报警事件出现（到达）、确认和消失（离开）的信息。

注：本任务给出的只是一种HMI模拟运行实现的方式，如工业实际中使用需要做部分修改。

【在线开放资源】

1）中国大学MOOC和蓝墨云班课——资源："项目4 综合任务1"中的数字化文本资源和教学与操作视频。

2）HMI技术论坛——西门子（中国）官网（http：//www. ad. siemens. com. cn）主页中的"工业支持中心"→"找答案"。

西门子（中国）官网

综合任务2 化工原料混合生产组态控制

学习目标

1. 理解组态控制技术应用设计中的项目工艺流程。
2. 理解化工原料混合生产控制中的变量分配。
3. 掌握化工原料混合生产组态控制的人机界面设计。
4. 掌握化工原料混合生产组态控制模拟运行和仿真测试。

技术难点

1. 化工原料混合生产控制工艺流程。
2. 控制中的变量分配。
3. 组态控制的人机界面设计。
4. 系统PLC控制程序设计。
5. 化工原料混合生产组态控制模拟运行和仿真测试。

任务描述

在搭建的基于触摸屏小型PLC控制硬件系统中，实现某化工原料混合生产自动化组态控制系统设计，要求如下：

1. 完成系统的控制变量分配和组态。
2. 控制对象的画面设计。
3. PLC 控制程序设计。
4. 系统的模拟运行和测试。

【跟我学】

4.2.1 化工原料混合生产

1. 工程背景与需求

物料混合加工是某些现代工业生产的关键环节，液体混合搅拌装置要求设备具有对液体的混合质量高、生产效能和自动化程度高、抗恶劣环境和可操作性强等性能。采用 PLC 与触摸屏组态控制能满足这些性能要求，控制设备成本较低，该类控制具有一定的应用前景。

本任务以两种液体的混合搅拌工程为例，给出基于 PLC 与触摸屏组态控制在其中的应用。

2. 工程工艺流程

图 4-11 所示是一种将两种化工原料按一定比例进行搅拌混合的装置示意图。其工作过程为：

1）按下触摸屏"主控启动"按钮，计量泵 1 和 2 同时工作，定时时间到，计量泵 1 和 2 同时关闭；

2）当计量泵 1 和 2 关闭时，同时启动搅拌电动机 M。

3）搅拌电动机 M 工作 100s 后停止，这时电磁阀 Y 通电打开，放出混合后的液体到下一工序。

4）当液位高度下降到下限位时，再延时 20s，使电磁阀 Y 断电关闭，并自动开始新的工作周期循环。

5）按下触摸屏"主控停机"按钮，搅拌装置不是立即停止工作，而是停机信号保存，直到完成一个工作循环时才停止工作，且工作中可以通过人机界面设定计量泵工作次数。

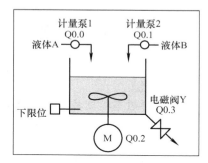

图 4-11　搅拌混合装置示意图

3. 硬件选型与地址分配

本液体混合搅拌控制系统中计量泵 1 和 2、搅拌电动机 M、电磁阀 Y 受 PLC 输出控制，共 4 个输出点，1 个下限位液位传感器 L 输入点，1 个自动/手动运行选择开关输入点，1 个停止开关输入点。选用西门子 S7-200 系列中 CPU 224XP CN REL 型 PLC、smart 700 IE 触摸屏和 +24V 直流供电电源，可满足本任务控制需求。PLC 的输入/输出端子分配表如表 4-1 所示（注：在物理仿真时，下限位液位传感器 L 输入点取 I0.2，按开关量信号处理），PLC 硬件接线原理图如图 4-12 所示。

表4-1 PLC的输入/输出端子分配表

输 入 元 件	输 入 地 址	输 出 元 件	输 出 地 址
自动/手动开关	I0.0	计量泵1	Q0.0
停止开关	I0.1	计量泵2	Q0.1
液位检测	I0.2	搅拌电动机	Q0.2
		电磁阀Y	Q0.3

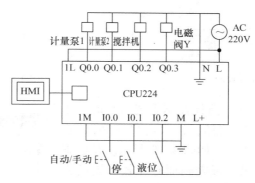

图4-12 PLC接线原理图

触摸屏上的各种控制按钮，工作时产生的信号通过WinCC flexible组态变量事件函数实现启动/停止，以及画面切换等操作控制。液位传感器L以及计量泵1和2的计量数值是变量，经V存储区由PLC的程序运算而得的，触摸屏存储区变量地址分配表如表4-2所示。

表4-2 触摸屏存储区变量地址分配表

名 称	地 址	名 称	地 址
主控启动	M10.0	计量值C0	MW4
主控停机	M10.0	计量值C1	MW6
计量泵1按钮	M0.1	搅拌电动机按钮	M0.5
计量泵2按钮	M0.3	电磁阀Y按钮	M0.6
液位传感器L	I0.2	事故信息	MW8

【跟我做】

4.2.2 组态画面设计

（1）画面结构设计 根据系统的控制要求，需设置的画面有：

1）模板与报警画面。

2）用户管理画面，用于用户的登录、注销和用户管理。

3）初始画面。

4）主控画面。

5）设备状态控制画面，用于手动控制各主要设备的状态以及相应的变量值。

画面模板设计，在模板中放置一个报警窗口和一个报警指示器，如图4-13所示。画面的切换关系，以初始画面为主导，开机后显示初始画面，如图 4-14 所示，在其中设置切换按钮用于切换到其他画面，其他画面只能切换返回到初始画面，其他画面之间不可切换。

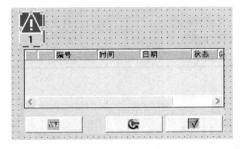

图 4-13 模板与报警画面

图 4-14 初始画面

（2）用户管理画面设计 搅拌控制系统运行时，单击初始画面中"用户管理"按钮，进入用户管理画面，该画面中组态了用户管理功能，如图 4-15 所示。初始画面中的主控画面、手动调试、报警画面是比较重要的操作按钮，可在组态用户组时添加权限，在用户组编辑器中（如图 4-16 所示）设置用户的权限为：管理员拥有所有的权限，操作员具有操作主画面权限，班组长具有操作主控画面、手动调试和报警画面的权限。

图 4-15 用户管理画面

图 4-16 用户组组态

（3）主控画面设计 系统有自动和手动两种运行模式，由自动/手动按钮 I0.0 来选择运行方式。主控画面包含设备装置、计量泵的工作计量值 C0，C1 显示 I/O 域，系统控制的"主控启动"按钮、"主控停机"按钮，如图 4-17 所示。为了防止未经授权的人操作设备按钮，在对"用户组"组态时，设置权限"主控启动""主控停机"，在按钮属性视图中"属性"的"安全"组

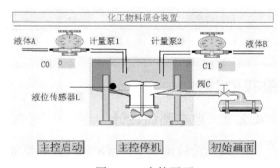

图 4-17 主控画面

态对话框中，将权限分别赋予对应按钮。自动运行主画面的"主控启动"按钮工作条件如下：

1）按下自动/手动按钮，搅拌系统处于自动循环工作模式。

2）计量泵、搅拌电动机均处于停机状态，电磁阀关闭。

3）搅拌池中的液料被放空。

满足上述条件时，按下"主控启动"按钮，搅拌系统按照工艺流程，在程序循环扫描执行下工作。正在自动运行的系统，如果出现故障信号，则立即停止运行，并发出报警信号（见报警控制组态）。

（4）设备状态控制画面设计 设备状态控制画面的操作是手动调试的过程，操作对象为计量泵1和2、搅拌电动机、电磁阀Y的启动与停止，以及运行时段泵的计量值。计量泵1和2、搅拌电动机、电磁阀Y的运行与停止分别组态双色指示灯来表征工作状态，如图4-18所示。

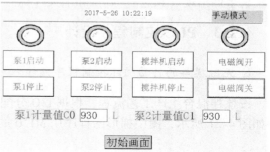

图 4-18 设备状态控制画面

（5）报警画面设计 系统运行时，单击初始画面中的"报警画面"按钮，进入报警画面，报警画面用于查看报警的历史记录和打印报警报表。

液位传感器发出低位信号时，PLC发出报警信息，将"事故信息"字中的某一位置"1"。计量泵1和2、搅拌电动机、电磁阀Y在运行中如未能按照程序指令去正确的通和断，出现外部故障时，将"事故信息"字中的相应位置"1"，离散量报警组态如图4-19所示，液位报警组态如图4-20所示。

文本	编号	类别	触发变量	触发器位
计量泵1	1	错误	事故信息	0
计量泵2	2	错误	事故信息	1
搅拌电动机	3	错误	事故信息	2
电磁阀	4	错误	事故信息	3

图 4-19 离散量报警组态

（6）画面离线模拟调试 设计完的画面，应先进行离线模拟，以检查触摸屏设备的相应功能。可以使用运行模拟器，分别进行如下操作观察：

文本	编号	类别	触发变量	限制	触发模式
传感器被位过低	1	错误	液位显示值	200	上升沿时

图 4-20 液位报警组态

1）检查画面切换功能，启动模拟运行系统，在初始画面（图4-14）中单击各画面切换按钮，观察能否按照设计要求切换到对应画面，在其他功能画面中单击初始画面按钮，观察能否返回初始画面。

2）检查用户管理画面，输入已组态的用户名和口令，单击"确定"按钮，如图4-15所示，观察用户视图中是否出现成功登录的用户信息。管理员是否能修改其他用户的名称和口令，以及口令是否有效。再检查下一步各授权画面的权限是否正确。

3）检查主画面和设备状态画面，在运行模拟器中为各类控制按钮添加Bool变量，将它的值设为"1"或"0"，观察对应设备图形对象的变化情况。在运行模拟器中为I/O域添加Int型变量，单击I/O域参数窗口，观察能否实现输入、输出参数。

4）检查报警画面，在运行模拟器中生成变量"事故信息"，（将传感器液位的值设为150；限制值 200 以下为安全），模拟运行时，当前显示的画面将出现报警窗口和闪动的报警指示器。单击报警窗口中的"确认"按钮，报警指示器停止闪动，在报警视图中查看记录了报警事件出现（到达）、确认和消失（离开）的信息。

4.2.3 PLC 控制程序设计

1. 无触摸屏的自动循环控制程序设计

按搅拌混合生产工艺流程，根据 I/O 分配，设计无触摸屏的自动循环控制程序，参考程序如图 4-21 所示，图中梯形图程序用 M1.0 的状态位来选择循环控制方式。

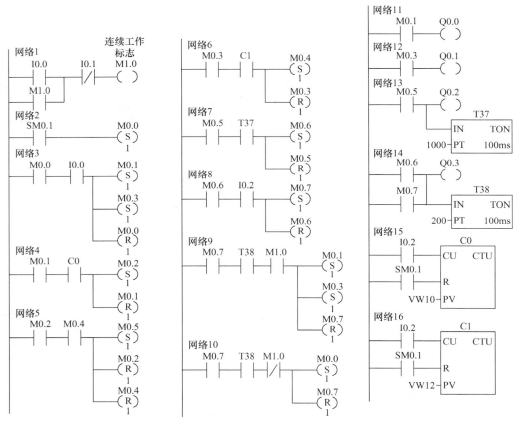

图 4-21 无触摸屏的自动循环控制梯形图

2. 组态触摸屏自动循环控制程序设计

在自动运行模式下，单击图 4-17 中的"主控启动"按钮实现搅拌混合生产工作。按搅拌混合生产工艺流程，组态触摸屏控制操作下的程序设计如图 4-22 所示，C0、C1 分别为计量泵的工作计量次数，M10.0 为主控启动/停机按钮。系统程序中通过 M10.0 的位置"1"实现搅拌循环工作，该位置"0"实现搅拌循环停机，工作中可通过触摸屏在线进行工作次数设定。

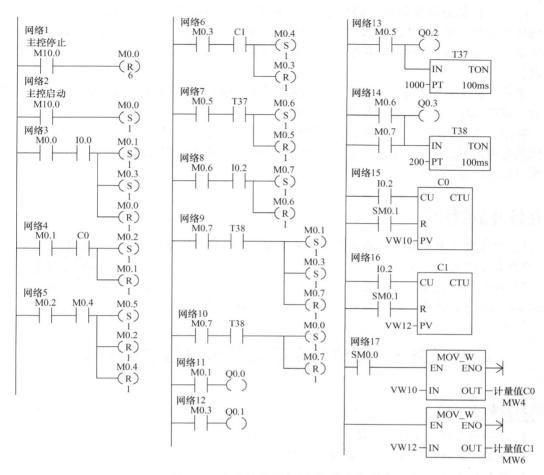

图 4-22　组态触摸屏的自动控制梯形图

4.2.4　物理仿真调试

搭建基于触摸屏的 PLC 小型硬件实验系统并通电测试系统，对本任务设计的控制功能进行物理仿真调试，PLC 输出位 Q0.0 ~ Q0.3 外接四个小型继电器，通过开通四盏指示灯（分别表示计量泵 1 和 2、搅拌电动机 M、电磁阀 Y）来验证实验系统是否满足工艺设计流程要求，简要调试操作步骤如下。

（1）数据传送　将【跟我做】中组态完的画面和梯形图程序分别传送到对应设备中，进行调试操作。

（2）主画面控制调试　将自动/手动开关置为"ON"状态，系统处于自动模式。单击"主控启动"按钮，观看实验系统对应指示灯亮灭变化，是否符合搅拌工艺流程；在第二或第三盏指示灯点亮的时刻，按下"主控停机"按钮，观察实验系统第三或第四盏指示灯是否依次亮后再灭（即一个流程结束）。

在自动运行时，按下 I0.1 输入点 20s 后，查看第四盏指示灯（电磁阀 Y）是否灭掉。报警窗口是否出现报警指示器闪动。

（3）设备状态画面调试　将自动/手动开关置为"OFF"状态，系统处于手动模式，实现单步操作，单击初始画面中"手动调试"按钮，弹出用户登录对话框，以管理员身份登录后，分别单击图 4-18 中各个设备的控制按钮，观察实验系统对应指示灯亮灭变化情况。

单击计量泵 1 和 2 的 I/O 域窗口，观察能否正确地实现输入输出参数。在设定一个整数值后，观察循环工作次数是否与设定值一致。

在做上述调试时，应逐一检查设计的程序是否能实现搅拌工艺流程的各个步骤，对各种故障的处理是否符合工作要求。首次调试完后应将系统掉电，再通电进行第二次过程调试，确保设计的控制工程可靠。

【在线开放资源】

1）中国大学 MOOC 和蓝墨云班课——资源："项目 4 综合任务 2"中的数字化文本资源。

2）HMI 技术论坛——西门子（中国）官网（http：//www.ad. siemens. com. cn）主页中的"工业支持中心"→"找答案"。

西门子（中国）官网

综合任务 3　城镇住宅区恒压供水组态控制设计

学习目标

1. 理解组态控制技术应用设计中的项目工艺流程。
2. 理解恒压供水组态控制中的变量分配。
3. 掌握恒压供水组态控制的人机界面设计。
4. 掌握恒压供水组态控制模拟运行和测试。

技术难点

1. 恒压供水组态控制中的变量分配。
2. PLC 控制程序设计。
3. 恒压供水组态控制模拟运行和测试。

任务描述

在基于触摸屏的小型 PLC 控制硬件系统上，实现城镇住宅区恒压供水自动化组态控制系统设计，要求如下：

1. 完成系统的控制变量分配和组态。
2. 控制对象的画面设计。
3. PLC 控制程序设计。
4. 系统的模拟运行和测试。

【跟我学】

4.3.1　工程背景与工艺

1. 工程背景与需求

城镇住宅区恒压供水是满足城市居民正常日常生活的重要环节，实际应用中，常常需要用闭环控制策略对压力、流量等连续变化的模拟量进行控制，无论是使用模拟控制器，还是使用计算机数字控制系统，闭环 PID 控制都受到广泛地使用。PID 控制器即比例—积分—微分（Proportional-Integral-Derivative）控制器，具有独特的优点，从它诞生的时代起就受到人类工程控制领域的极大青睐，具有如下优点：

1）不需要精确的控制对象数学模型。非线性和时变性是很多工业控制对象存在的现象，难以得到准确的数学模型，因而不能用传统控制理论的方法设计控制器，对于这一类系统使用 PID 控制可以获得满意的结果。

2）有较强的适应性和灵活性。采用含积分项的控制可以消除系统的静态误差，相当于给系统增加了一个开环积分环节，提高了系统的型别与无差度阶数，增强了跟踪输入信号的能力。从物理意义上解释，积分控制器的输出是偏差的累加，当偏差为 0 后，积分控制器就提供一个恒定的输出以驱动后面的执行机构。由于积分控制器只能逐渐跟踪输入信号，会影响系统响应的快速性，同时，型别的提高使系统的相位滞后增加，积分控制器的加入往往会降低系统的稳定性。含微分项的控制可以改善系统的动态响应速度，微分规律作用下输出信号与输入信号偏差的变化率成正比，因此，微分调节器能够根据偏差的变化趋势去产生相应的控制作用。实际应用中将比例、积分和微分控制三者有效地结合可满足不同控制领域的要求。

3）PID 控制器的程序设计简单，计算量小，工程上易于上手实现，参数调整方便。

4）作为应用最广的闭环控制器，容易实现多回路控制，使用方便。

城镇住宅区恒压供水系统要求具有控制质量高、自动化程度高、便于小区物业人员操作等性能。本任务应用西门子 S7-200 型 PLC 与触摸屏组态 PID 控制变频器驱动供水电动机，实现恒压供水。

城镇住宅区恒压供水系统要求在早晚居民用水高峰期间，高层用户能够正常用水，夜间用水低谷时段供水电动机在节能模式下运行，恒压供水系统的控制结构框图如图4-23所示。

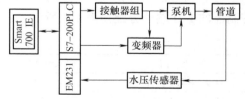

图 4-23　恒压供水系统控制结构框图

2. 系统控制工艺要求

1）密封型水池位于住宅楼下负一层，水池水满时水泵才能启动抽水，水池缺水，则不允许水泵电动机启动。

2）系统有自动/手动控制功能，手动只在应急或检修时临时使用。

3）供水系统中的两台水泵有工频和变频两种运行方式，分 3 种模式工作，即 1 台变频 1 台工频、1 台停机 1 台变频和两台工频模式，具有自动切换泵功能。

4）采用自动控制，实现两台水泵机组的优化运行，节约能源，减少设备运行损耗，提高使用周期。按启动按钮，先由变频器启动1号泵运行，如工作频率已经达到50 Hz，而压力仍不足时，经延时将1号泵切换成工频运行，再由变频器去启动2号泵，供水系统处于1台工频1台变频的运行状态；如变频器的工作频率已经降至下限频率，而压力仍偏高时，经延时使1号泵停机，供水系统处于1台泵变频运行的状态；如工作频率未达到50Hz，而压力仍不足时延时，系统处于两台工频状态。

5）实现水泵的软启动，减小对小区电网的负荷冲击。

6）保持管网的水压恒定，避免管网水压的陡增陡减，提高水泵使用寿命。

7）系统监控运行中实时显示当前用水量。

【跟我做】

4.3.2　控制设备选型与地址分配

（1）设备选型　本任务按城镇住宅区建筑高度50m左右，约18层楼，设计供水系统（管高压约0.5MPa），通过对控制任务的要求分析知，要实现恒压供水，必需采集管网的水压力，经PLC的PID运算后输出，控制变频器带动水泵电动机运行，选用DBY-1100型压力传感器，可测量范围为0~0.6MPa的管网水压变化，水泵电动机选用两台ISW-65-200型电动机，功率为7.5kW，最大扬程52.7m，变频器为西门子风机泵类MM440型，选用功率为10kW。

为确保小区正常给水，给出两套控制系统设计方案（若组态控制系统运行中出故障可由小区物管人员手动控制设备运行）。PLC输入端有手动/自动模式切换开关、停机开关和一路压力传感器输入。PLC输出控制端有控制泵机继电器4个、变频器的调速控制信号一路和+24V直流电源供给端一路。选用西门子S7-200系列中CPU 224XP型PLC以及模拟量输入模块（EM231）、模拟量输出模块（EM232），通过PLC程序实现两台泵的切换，外加Smart 700 IE触摸屏一台和+24V直流供电电源，以满足本任务的需求。

（2）PLC的I/O定义　根据供水控制的工艺流程和设备选型要求，其控制系统中PLC控制器的I/O端子分配如表4-3所示。

表4-3　I/O端子分配表

输 入 元 件	输入地址或器件	输 出 元 件	输 出 地 址
自动/手动切换开关	SA	变频器运行	Q0.0
泵1手动启动按钮	SB1	泵1工频	Q0.1
泵1手动停止按钮	SB2	泵1变频	Q0.2
泵2手动启动按钮	SB3	泵2工频	Q0.3
泵2手动停止按钮	SB4	泵2变频	Q0.4
手动启动按钮	I0.0	压力检测	AIW0
水泵停止按钮	I0.1	压力调控	AQW0
水位检测	I0.2		

（3）触摸屏中的控制变量分配　根据供水控制的工艺流程和设备选型要求，采用触摸屏组态实现调试、自动运行控制和监控系统运行时的各类参数，工作时产生的操作信

号通过组态变量事件函数"Set"与"Reset"来实现启动/停止状态，并用位存储区 M 来实现与 PLC 模块程序存储区的数值传递。压力传感器的测量数值和 PID 调控参数值是字变量，经 V 存储区由 PLC 的控制程序运算而得到，触摸屏存储区变量地址分配参如表 4-4 所示。

表 4-4　触摸屏存储区变量地址分配表

名　　称	地　　址	名　　称	地　　址	名　　称	地　　址
主控启/停按钮	M0.0	调控参数 P	MD2	低压报警	MB20.5
PID 手动/自动	M0.1	调控参数 I	MD6	高压报警	MB20.4
压力值显示	MD0	调控参数 D	MD10		

4.3.3　控制设备安装与接线

（1）控制电气原理图设计　根据上文中的设备选型和 PLC 的 I/O 端子分配，给出系统的控制电气原理图，如图 4-24 所示，控制输出执行电气原理图如图 4-25 所示。

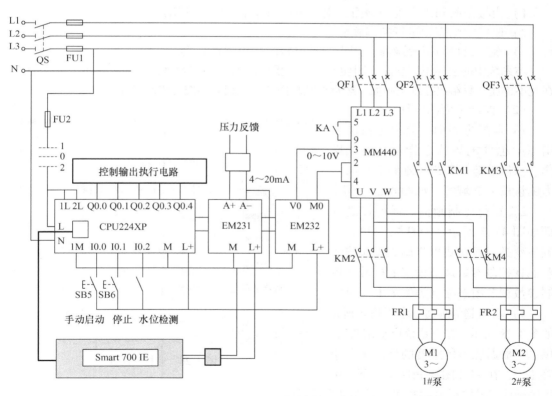

图 4-24　控制电气原理图

（2）硬件安装接线　图 4-25 中 SA 为手动/自动转换开关，SA 在 1 的位置为手动控制状态；在 2 的位置为自动控制状态。手动运行时，可用按钮 SB1 ~ SB4 控制两台泵的启动/停止；自动运行时，系统在 PLC 程序控制下运行，通过一个中间继电器 KA 的触点对变频器运行进行控制，图中的 Q0.0 ~ Q0.4 为 PLC 的输出继电器触点。

129

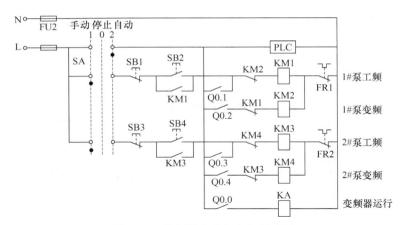

图 4-25　控制输出执行电气原理图

4.3.4　触摸屏组态画面设计

（1）画面结构设计　根据系统的控制要求，需设计的控制画面有：

1）模板画面和用户管理画面，用于用户的登录、注销和用户管理。

2）监控主画面和运行控制画面。

3）水压趋势与报警画面（用于查看报警的历史记录）等。

本系统中的上述组态画面之间切换设计、模板画面和用户管理画面设计类同本项目任务2，在此不详述，只给出控制主画面、运行控制画面和水压趋势画面的组态设计。

（2）控制画面的设计

1）监控主画面。监控主控画面组态中包含电源状态指示、调试操作、水压趋势、用户管理和流量与压力测量值 I/O 域等，如图 4-26 所示。

2）运行控制画面。运行控制画面如图 4-27 所示，包括泵 1 和 2 工频与变频运行模式单步调试操作按钮和 PID 控制参数调节设定 I/O 域，控制参数调节组态数据类型为 Float 型。

3）水压趋势画面。水压趋势画面如图 4-28 所示。按下系统启动按钮后，供水泵根据压力传感器的反馈来采集管压值，在 PLC 闭环 PID 调节下，由程序循环扫描控制 MM430 变频器驱动泵机运行。

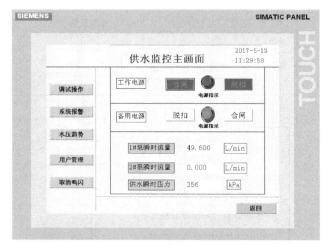

图 4-26　监控主画面

4）报警画面。控制系统在运行过程中，如出现管道水压过高或过低的变化情况，触摸屏界面上会出现实时报警提示，运行中的压力报警画面如图 4-29 所示。压力报警组态如图 4-30 所示，水压过高限制值为 500kPa，过低限制值为 350kPa。

（3）画面模拟调试　组态完画面后进行模拟调试，调试方法与步骤类同本项目的任务2，此处不再细述。

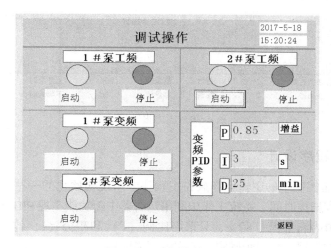

图 4-27　运行控制画面

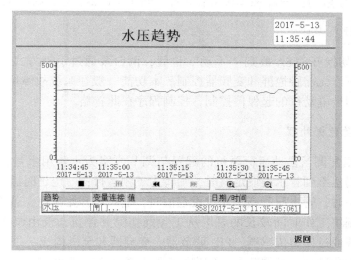

图 4-28　水压趋势画面

图 4-29　压力报警画面

图4-30　压力报警组态

4.3.5　控制程序设计

本供水 PLC 组态控制中的逻辑运算放在主程序，系统初始化的一些工作放在初始化程序中完成，这样可节省扫描时间。系统工作中利用定时器中断功能实现 PID 控制的定时采样及输出控制，压力设定值为满量程的80%，只采用比例（P）和积分（I）控制，其回路增益、时间常数和流量可通过工程计算初步确定，工作时还需要进一步调整以达到最优控制效果。初步确定的增益和时间常数为：增益 Kc = 0.85；采样时间 Ts = 0.2s；积分时间 Ti = 30min。

1. 手动控制程序设计

将手动/自动切换开关 SA 拨到"手动"位置，两台泵通过手动方式启动和停止，系统在开环状态下运行，无需触摸屏和变频器控制。本功能一般在系统故障或检修时使用。PLC 程序设计等同为两台电动机的起保停控制，控制程序在此省略。

2. 水压与流量数据处理

（1）运行泵组配调　自动运行泵组的配置与调节方案为：若用水量大，泵1变频工作达额定转速，但仍达不到管水压设定值时，则转为工频运行；一定延时后，启动泵2变频工作；若用水量减小时，管水压升高，超过设定值时，变频泵开始减速，若减到一定值时水压仍高于设定值，则将工作时间较长的泵1从工频网切除并停机，仅由泵2变频调速维持供水。这样整个系统通过压力传感器、PID 调节器、变频器和泵机构成一个压力闭环反馈控制系统，根据水压变化通过变频调节参数实现两台泵轮换工作，系统工作时始终有一台工作于变频状态，另一台工作在工频或者停机状态。

当 I0.0 拨到"常闭"位置时，系统自动运行，泵1由变频器启动，其转速由0逐渐增加，管水压也逐渐升高，PID 调节器根据压力传感器采集的数据，实时计算出水压数值，并求出与压力设定值的误差以及误差变化率，由程序处理后，完成对泵组的配置与调节。

（2）压力信号处理　系统选用 DBY-1100 型压力传感器，测量范围为 0～0.6MPa，使用中将压力信号转换成 0～20mA 电流信号输出，对应 PLC 模拟量处理值为 0～32000，实际使用中的压力测量值以 kPa 为单位输出显示，压力信号在 0～4mA 时是死区，因此使用前必须进行模拟量信号处理。4～20mA 的模拟量对应于数字量 6400～32000，即 0～600kPa 对应的数字量。压力 P 的换算公式见式（4-1），N 为转换后得到的数字量，计算公式见式（4-2）。

$$P = (600 - 0)/(32000 - 6400) \times (N - 6400) = 6/256 \times (N - 6400)(kPa) \tag{4-1}$$

$$N = P \times 256/6 + 6400 \tag{4-2}$$

将压力输入信号赋值给 VW200，测量压力信号：当压力超过 550kPa 或低于 300kPa 时，分别将 0.0 或 1.0 赋值给 PID 手动参数调节回路表地址 VD250。系统测量范围为 0～600kPa，给水系统要求压力控制在 350kPa ~ 550kPa，截取对应数字"21333 ~ 29866"作为自动调压控制范围。图 4-31 为压力采样中断处理程序参考梯形图。

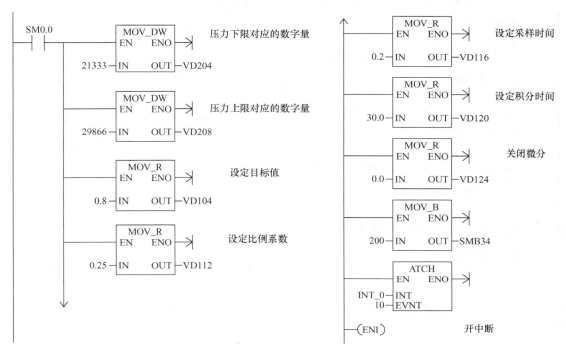

图 4-31　压力采样中断处理程序参考梯形图

（3）PID 信号处理　在图 4-26 触摸屏的 PID 参数调节设定 I/O 域中，可以很方便地修改控制参数，在工程实践中，系统采样周期和 PID 控制参数整定对于系统的控制效果至关重要，本任务供水系统的采样周期试验测得取 1s 较好。PID 控制参数整定方法有多种，可以使用用户程序和 PID 调节控制面板来启动自整定功能，用户可以根据工艺要求为调节回路选择快速、中速、慢速响应，PID 自整定会根据响应类型而计算出最优化的比例、积分、微分值，并可应用到控制中。经现场调整后增益 Kc = 0.35，采样时间 Ts = 1s，积分时间 Ti = 30min。控制输出供水 PID 中断处理子程序参考梯形图如图 4-32 所示。

（4）流量值计算　系统监控运行中实时显示当前用水量，采用将压力转换为流量的方式实现，利用经验公式将传感器得到的 4 ~ 20mA 的信号转换为水泵瞬时流量，再将瞬时流量进行累加获得某时段内的累计流量。其经验公式为：

$$Q_x = f(P_x) = AP_x^4 + BP_x^3 + CP_x^2 + DP_x + E$$

$$Q_{water} = \int Q_x \mathrm{d}x \tag{4-3}$$

式中，Q_x 为泵的瞬时流量（L/min），Q_{water} 为泵的某时段内累计流量（L/min），P_x 为泵的输出水压（10^5Pa），$A = -102.37$，$B = -114.17$，$C = 162.84$，$D = -1102.05$，$E = 2416.28$，其累计流量可以为最近一小时、一天和一周等的值。

式（4-5）只适用于特定功率的水泵和特定范围内的水压，公式中的参数由工程试验得到。由于 PLC 无法实现积分运算，因此采用累加的方法获得流量累计值。本设计系统中采

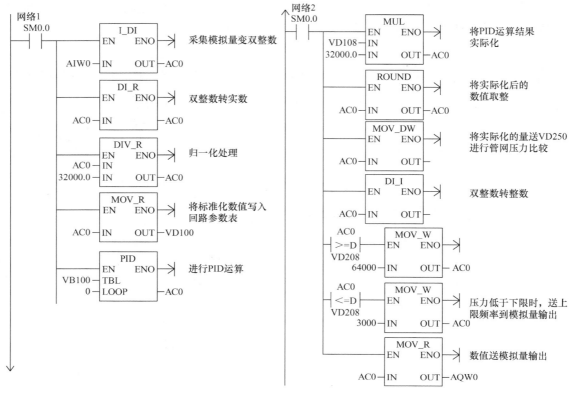

图 4-32　控制输出供水 PID 中断处理参考梯形图

样周期是 1s，要获得 1min 累计值，就要将最近的 60 次采样值相加，需要建立一个有 60 个存储单元的表格，图 4-33 所示为累计值表格与其工作原理。

表格建立好后，将会在 PLC 的存储区生成图 4-33 中所示的 VW0～VW120 的存储字来存储每秒钟的流量值。Data0 中存储的是最早的采样时刻流量值，Data59 中存储的是最近的采样时刻流量值。在每次采样完成时先对表格执行 FIFO 指令，然后执行 ATT 指令，将最近的采样时刻流量值加入表中，再将 Data0～Data59 中的值相加，即可达到最近一分钟的累计值。按照这种操作运算法可得到一小时、一天等的累计值。

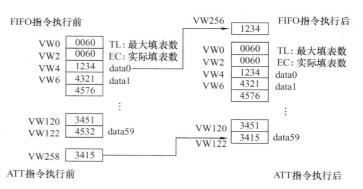

图 4-33　累计值表格及其工作原理

3. 自动控制程序设计

（1）控制主程序状态转移图设计　根据供水控制工艺流程要求，其控制主程序参考状态转移图如图 4-34 所示。

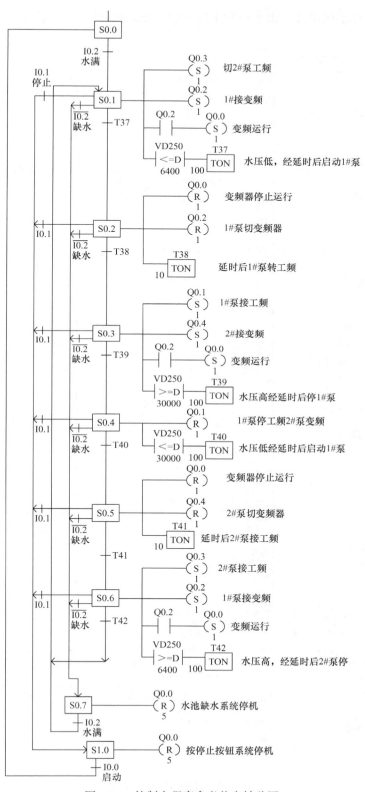

图 4-34 控制主程序参考状态转移图

（2）主程序梯形图设计　供水控制主程序参考状态转移图对应的梯形图如图 4-35 所示。

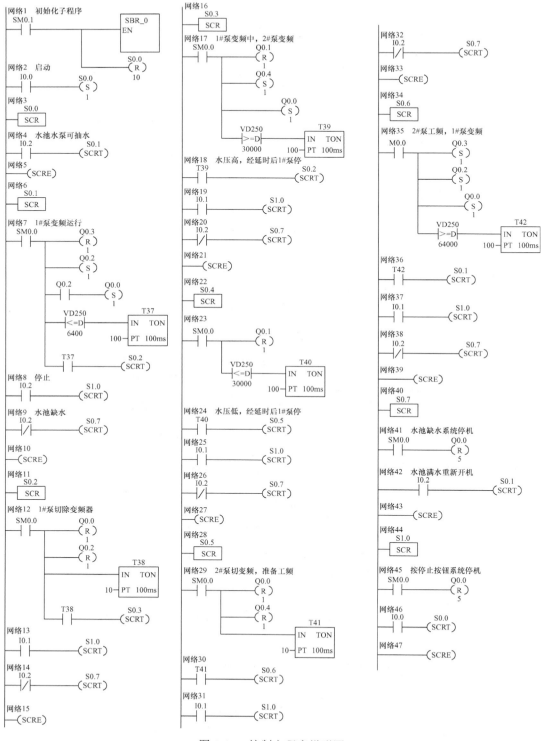

图 4-35　控制主程序梯形图

（3）变频器的参数设置与调试

1）MM440 变频器参数设置。

① 设置参数前先将变频器参数复位为工厂的默认设定值。

② 设定 P0003 = 2 允许访问扩展参数。

③ 设定电动机参数时先设定 P0010 = 1（快速调试），电动机参数出厂设定 P0010 = 0（准备），如需详细的参数表，请参阅《MicroMaster 440 通用型变频器使用大全》。变频器参数设置如表 4-5 所示。

表 4-5 变频器参数设定表

序　号	变频器参数	设　定　值	功　能　说　明
1	P304	根据电动机的铭牌配置	电动机的额定电压（V）
2	P305	根据电动机的铭牌配置	电动机的额定电流（A）
3	P307	根据电动机的铭牌配置	电动机额定功率（kW）
4	P310	根据电动机的铭牌配置	电动机额定频率（Hz）
5	P311	根据电动机的铭牌配置	电动机额定转速（r/min）
6	P1000	2	模拟量输入
7	P1080	0.00	电动机的最小频率（0Hz）
8	P1082	50.00	电动机的最大频率（50Hz）
9	P1120	3	斜坡上升时间（10s）
10	P1121	3	斜坡下降时间（10s）
11	P0700	2	命令源（由端子排输入）
12	P0701	1	ON/OFF（正转/停车命令1）

2）调试注意事项。变频器根据负载的惯量大小，在启动与停止电动机时所需的时间不相同，设定时间过短，会导致加速时过电流，减速时过电压；设定时间过长，导致变频器调速运行系统调节速度变慢，使系统短期处于不稳定状态。实际使用中为不使变频器跳闸保护动作，往往将加速时间设置过长，在非最佳状态下工作，影响控制效果，实践中一般选取泵机类为 0.2s ～ 20s 较好。对于频率最低值的设定，虽在 0Hz 时泵机停转最理想，但在变频器未达 0Hz 时泵机已不会出水，因此实践使用中一般最低值设定为 20Hz 效果较好。

【在线开放资源】

1）中国大学 MOOC 和蓝墨云班课——资源："项目 4 综合任务 3"中的数字化文本资源。

2）HMI 技术论坛——西门子（中国）官网（http：//www. ad. siemens. com. cn）主页中的"工业支持中心"→"找答案"。

西门子（中国）官网

【工程实践】 变频恒压供水水箱控制设计与仿真

1. 任务要求

一恒压供水水箱，通过变频器驱动的水泵供水，维持水位在满水位的 70%。过程变量 PVn 为水箱的水位（由水位检测计提供），设定值为满水位的 70%，PID 输出控制变频器，即控制水箱注水调速电动机的转速。要求开机后，先手动控制电动机，水位上升到 70% 时，转换到 PID 自动调节。

2. 执行步骤

程序结构由主程序、子程序和中断程序构成。主程序用来调用初始化子程序，子程序用来建立 PID 回路初始参数表和设置中断，由于定时采样，所以采用定时中断（中断事件号为 10），设置周期时间和采样时间相同（0.1s），并写入 SMB34。中断程序用于执行 PID 运算，I0.0 = 1 时，执行 PID 运算，本例采用单极性（取值范围 0 ~ 32000）。

（1）PID 控制参数与 I/O 分配　程序设计时，定义 PID 指令的控制参数地址，如表 4-6 所示。为了工程实践的模拟测试和仿真需要，定义恒压供水 PLC 控制 I/O 分配表，如表 4-7 所示。

表 4-6　PID 控制参数地址

地　址	参　数	数　据
VB100	过程变量当前值 PVn	水位检测计提供的模拟量经 A-D 转换后的标准化数值
VB104	给定值 SPn	0.7
VB108	输出值 Mn	PID 回路的输出值（标准化数值）
VB112	增益 Kc	0.3
VB116	采样时间 Ts	0.1
VB120	积分时间 Ti	30
VB124	微分时间 Td	0（关闭微分作用）
VB128	上一次积分值 Mx	根据 PID 运算结果更新
VB132	上一次过程变量 PVn-1	最近一次

（2）控制程序设计　模拟测试和仿真程序设计包括子程序设计、中断程序设计和 PID 控制输出三部分，参考程序梯形图如图 4-36 所示。

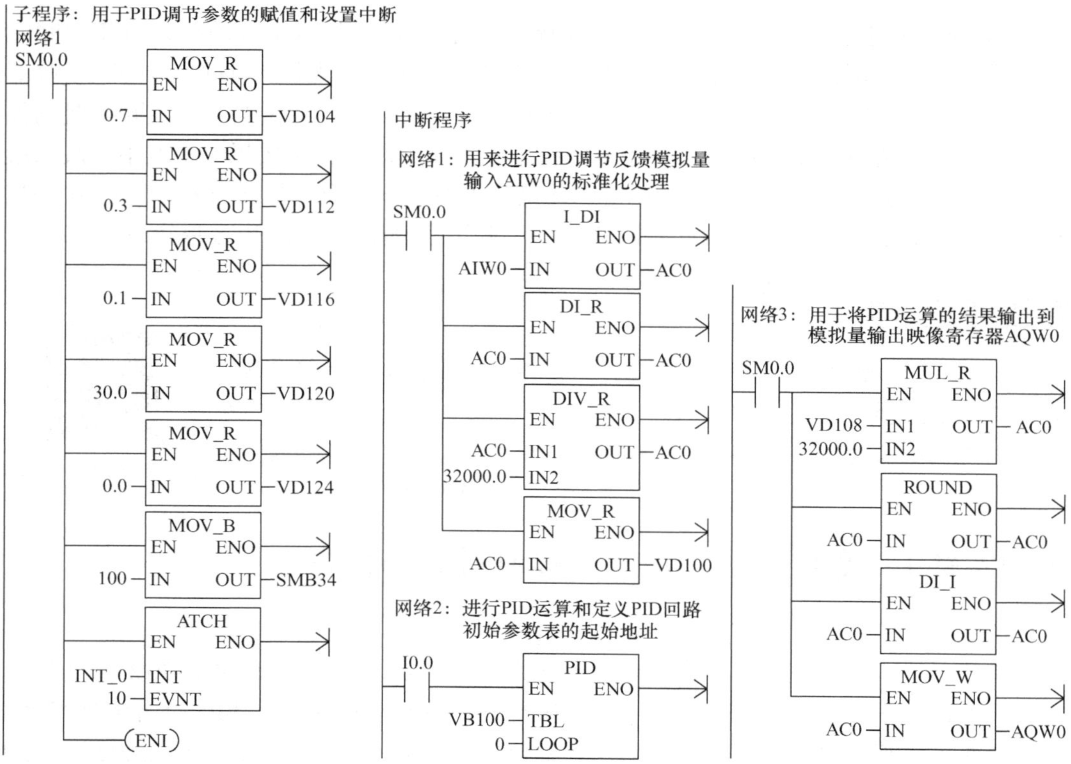

图 4-36　参考程序梯形图

注：本任务恒压供水控制设计工程，系统运行中未考虑泵机在工频与变频之间切换的延时，以及两台泵机相互间的最大工作时间调配设计。该恒压给水控制设计工程可以应用在企业厂区供水以及现代中小城镇住宅供水控制等领域。

表 4-7 PID 控制 I/O 分配表

地　址	说　明	功　能
I0.0	按钮，手动/自动切换	0 为手动，1 为自动
AIW0	输入模拟电压（0～10V）	反馈信号输入端
AQW0	输出模拟电压（0～10V）	

综合任务4　火电厂空压站气力输灰节能管控

学习目标

1. 了解火电厂空气站气力输灰节能管控的工艺流程。
2. 理解火电厂空压站气力输灰节能管控中的变量分配。
3. 掌握火电厂空压站节能管控的人机界面设计。
4. 掌握火电厂空压站节能管控的 PLC 程序设计。
5. 掌握火电厂空气站气力输灰控制系统的模拟运行和仿真测试。

技术难点

1. 火电厂空压站气力输灰节能管控的工艺流程。
2. 火电厂空压站气力节能管控中的变量分配。
3. 火电厂空压站气力节能管控的人机界面和 PLC 程序设计。

任务描述

在基于触摸屏的小型 PLC 控制硬件系统上，模拟实现火电厂空压站气力输灰节能管控系统设计，要求：

1. 完成系统的控制变量分配和组态。
2. 控制对象的画面设计。
3. PLC 控制程序的设计。
4. 模拟运行和测试设计的系统。

【跟我学】

4.4.1　火电厂空压站气力输灰节能管控简况

1. 工程背景与需求

气力输灰系统以其稳定性高、效率高、振动小、噪声低等优点在火电厂中得到普及和应用。当前火电厂压缩空气系统运行过程中，由于对气力输灰的运行控制方式研究较少，导致电厂气力输灰系统运行能耗高、资源利用率低等问题。其中一个重要原因是气力输灰系统控制性能低，而导致控制性能低的关键问题是控制算法落后，所以在火电厂生产中会遇到许多气力输灰系统运行控制不合理的问题。

随着国家节能减排政策的要求和电厂节能意识的加强，火电厂迫切地需要一套智能控制系统来管理气力输灰系统内各输送单元的合理运行，提高气力输灰系统的运行效率。通过对气力输灰系统充分调研，发现气力输灰都可以通过改动部分输灰系统的控制电路，将气力输灰的工作状态、报警及故障等信息通过触点信号的形式输出，同时也可通过触点信号控制输灰单元的启、停、流量调整等动作。

我国大部分中小型火电厂由仪表供气、气力输灰供气单独两套管网供气，管网供气压力波动大，运行能耗大，能耗浪费严重，如某中型火电厂目前的仪用、输灰空压机有 6 台，一般情况下 4 台处于加载状态，仪用空压机出口压力在 0.75MPa 左右，输灰空压机出口压力 0.6MPa 左右。由于当前空压机群的运行控制逻辑过于简单，导致空压机群运行控制性能低，从而在运行过程中存在许多不合理的问题，这些不合理的问题主要体现为：

1）传统空压机群加、卸载一般采用螺杆空压机频繁加、卸载。

2）多台螺杆空压机同时卸载运行；个别螺杆空压机长时间卸载运行；螺杆空压机群在排气压力偏高状态下运行。

3）螺杆空压机排气压力波动大从而导致空压机群系统的运行负荷率低，设备安全运行性差，故障率高，影响空压机设备安全运行，能源浪费严重。

2. 工程设计意义

根据某电厂压缩空气管网不稳定的现状，设计高精度智能流量需求控制柜对设备入口压力带进行精确地控制。通过对压缩空气系统的评估，可以知道可能达到的最低的操作气压。利用这个原理，加上采取正确的储存措施，以及采用高精度智能流量需求控制系统的供应恒压压缩空气的独特技术，设备入口用气端压力的总体需求就会降低。设备入口用气端压力的需求降低后，由于泄漏所消耗的压缩空气就会减少，未经压力调节的使用量也能够降低，仪表供气系统空压机的运行能耗也将随之降低，由此就可节省大量的能源和金钱。

1）可以在控制仪表供气管网压力平稳的情况下改变管网的输送流量，避免仪表供气空压机加、卸载导致的能源浪费，降低其运行能耗。

2）电源切换与保护，无控制信号时控制装置门自动关闭，保证用户系统安全、无间断运行。

3）输出压力可调范围宽，实际调节输入压力范围为（$1.7 \sim 10.3$）$\times 10^5 Pa$。

设计基于 S7-200 PLC 的高精度流量控制系统，将仪用多余用气分配给输灰，这样做到了仪用空气的稳定，减少仪用空压机加、卸载频率，又可以节约输灰空压机开启的台数，从而达到节能优化的效果。

3. 系统架构

流量需求控制柜包含控制器、调节阀、气动保险阀、流量计、压力传感器、温度传感器等，如图 4-37 所示。控制器通过检测进气口、出气口压力计算出现场实际用气量，根据压力变化预估需求量，在保证进气口压力稳定的前提下，实时匹配调节向出气口释放流量，实现节能的目的。

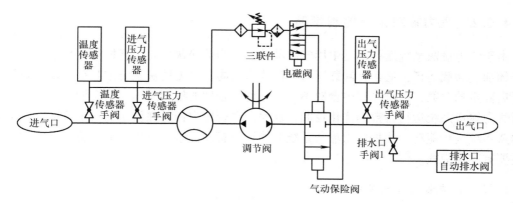

图 4-37　高精度智能流量需求控制柜

流量需求控制环节由高压用气管、进气闸阀、高精度流量需求控制柜、出气闸阀和低压用气管组成，如图 4-38 所示。

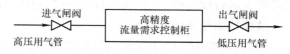

图 4-38　流量需求控制环节

4. 系统控制要求

气力输灰节能管控系统除实现输灰单元节能运行控制功能外，设计的其他功能架构如图 4-39 所示，具体功能如下：

（1）自检功能　运用此功能可检查控制系统中各台压缩机是否联网。

（2）参数设置功能　系统初始化设置系统压力参数及各输灰单元初始参数，通过触摸屏操作实现。系统运行中可随时对系统压力参数，输灰单元各参数按需进行修改并长期保存（有密码保护）。

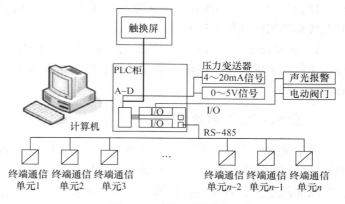

图 4-39　控制系统架构

（3）远程控制功能　通过 RS-485 总线远程对输灰单元进行启、停控制，输灰单元故障停机后控制系统自动解除其联控控制模式。

（4）实时监控供气系统功能　系统中任一输灰单元出现故障，马上弹出显示异常、故障原因的报警画面，发出声光报警提醒操作员。

（5）触摸屏运行参数实时显示功能　系统压力、额定流量数据及各压缩机运行状态在显示器上实时显示，从而使系统参数、各台压缩机的运行情况一目了然。

（6）报警故障及历史数据信息管理功能　可保存系统 3 年以上的报警、故障资料，及 3 年以上的系统运行参数（系统 30s 保存一次运行参数）信息。

（7）查询功能 可按条件查询、打印历史数据库中的系统运行参数信息，查询、打印信息均具有时间标示。

4.4.2 气力输灰系统控制策略

由于气力输灰系统运行过程中用气波动较大，当前输灰单元运行控制过程中为了避免其频繁的加、卸载运行，通常将卸载压力线设置得很高，气力输灰系统按其每日现场峰值用气量开启固定的台数，运行过程中台数不变，这种不合理的控制过程必然会增加能耗。为了实现对气力输灰系统运行台数的优化控制，从而把系统压力控制在设定的很小范围内，降低气力输灰系统运行能耗，根据气力输灰系统节能运行管理需求，空压站节能管控系统的控制策略主要有三类模式。

1. 基于优先权的控制模式

所谓优先权控制模式是指用户根据各输灰单元的具体使用情况，人为地给各输灰单元赋予不同的运行优先级，以达到用户特殊的使用目的。

这种控制模式的优点是：

1）将需要淘汰的输灰单元设置为最高的运行优先级，使之开机运行后一直处于加载状态，加速其老化的过程；将大功率的输灰单元设置为最高的优先级，使之开机运行后一直处于加载状态，充分利用其产气效率。

2）将希望正常加卸载的输灰单元设置为次高的优先级，使之通过加、卸载操作达到调节供气管网的供气压力的目的。

3）将备用输灰单元设置为最低的优先级，只有当供气系统中的输灰单元出现故障停机时，才启动该优先级别的输灰单元进行替换，正常的情况下该优先级别的输灰单元处于停机的状态。

2. 基于流量匹配的控制模式

所谓流量匹配的控制模式是指整个供气系统中的气动系统的产气量尽量匹配气力输灰的用气量，已达到气力输灰系统节能运行的目的。

以输灰单元加载控制过程为例，气力输灰系统运行过程中，可将整个供气管网理想化为一有效体积为 V 的密闭容器，输灰单元加载运行可理想化为等温向这一密闭容器内充气，生产现场用气可理想化为等温从这一密闭容器内放气。

对容腔内空气的状态方程式 $pV = mR\theta$ 进行时间微分，可得

$$\frac{\mathrm{d}p}{\mathrm{d}t} = \frac{1}{V}\left[mR\frac{\mathrm{d}\theta}{\mathrm{d}t} + R\theta\frac{\mathrm{d}m}{\mathrm{d}t}\right] \tag{4-4}$$

式中，V 为密闭容腔的有效体积；m 为容腔内空气质量；R 为气体常数；θ 为容腔内空气的温度。

由于整个过程理想化为等温变化过程，则可得进出密闭容器的体积流量变化与压力变化的关系为：

$$\Delta V = \frac{\Delta p V}{\rho R\theta} \tag{4-5}$$

式中，ρ 为空气密度。

对于系统供气压力在下降的过程中，气力输灰控制系统实时计算供气系统压力下降 Δp 时，从密闭容器内流出的体积流量 ΔV，当系统供气压力低于设置的供气压力下限时，控制系统先从卸载的输灰单元中找出一额定产气量接近且略大于 ΔV 的输灰单元加载来增加系统的供气量，以提高供气系统的供气压力满足生产现场的用气压力要求；如若此时供气系统中没有处于卸载状态的输灰单元，控制系统先从停机状态的输灰单元中找出一额定产气量接近且略大于 ΔV 的输灰单元启动、加载来增加系统的供气量，以提高供气系统的供气压力满足生产现场的用气压力要求。

3. 基于时间均值的控制模式

所谓时间均值的控制模式是指整个供气系统中的各输灰单元的运行时间尽量均匀，以便利于输灰单元的维护和保养。

这种控制模式的优点是：能平衡每台输灰单元配件的使用时间，即每次开机前气力输灰控制系统均比较各台空气压缩机的使用时间，使使用时间最少的输灰单元最先启动，使用时间最多的最先关机。输灰单元运行过程中，每过一段时间轮换另一台空气压缩机工作，从而达到输灰单元均匀使用时间目的。

气力输灰控制系统的控制策略融合了这三种控制模式的优点，综合应用优先权→流量匹配→时间均值的流程控制，从而优化了气力输灰系统运行的模式，最大限度地降低了气力输灰系统的运行能耗，实现了气力输灰系统运行节能的最大化。

【跟我做】

4.4.3　控制硬件选型与地址分配

（1）控制系统架构　因气力输灰控制所涉及的控制逻辑相对而言比较简单，出于经济目的角度，又考虑到工厂的特殊环境，选用由西门子公司生产的 S7-200 和 300 PLC 组网，外加模拟量模块，同时考虑到电厂的规格要求高，现场环境恶劣等多种因素，设计采用西门子 Smart 700 IE 触摸屏，可视化角度极高，通信稳定，通过 PPI 协议与 PLC 进行高速信息传递，实现现场操作。

如图 4-39 所示，气力输灰控制系统主要由人机界面监控系统、下位机 PLC 控制系统及输灰单元终端通信单元组成。上位机（工控机）从下位机 PLC 读取信息，实时地处理后，将系统供气压力、输灰单元状态等信息显示在人机界面上；下位机 PLC 通过 RS-485 总线实时读取各输灰单元终端通信单元采集到的输灰单元状态信息，同时将上位机人机界面输入的控制信息及智能计算的控制信号下发给输灰单元终端通信单元；输灰单元终端通信单元负责将输灰单元输出的触点信号转换成 RS-485 总线数据，同时将下位机 PLC 通过 RS-485 总线下发的控制信息转换成触点信号去控制各输灰单元的动作。

（2）控制硬件 I/O 定义　根据高精度智能流量需求控制柜的控制对象及控制要求，对火电厂空压站组态 PLC 控制系统进行 I/O 分配，其中部分的参考 I/O 分配如表 4-8 所示。

表 4-8　部分 I/O 参考分配表

I/O 分配	控制对象与功能	I/O 分配	控制对象与功能
I0.0	气动蝶阀关到位反馈（手动）	VD36	低压下限报警值
I0.1	气动蝶阀开到位反馈（手动）	VD40	低压上限报警值
I0.2	复位按钮（手动）	VD44	传感器量程
Q0.0	报警输出	VD48	差压变送器（kPa）
Q0.1	运行状态输出	VD52	温度
Q0.2	蝶阀控制输出	VD56	瞬时流量
AIW4	差压输入	VD60	累计流量
AIW6	温度输入	VD100	临时保存
AIW8	高压输入	VD104	临时保存
AIW10	低压输入	VD108	临时保存
AIW12	高压第二路	VD112	临时保存
AIW14	位置输入	VD116	临时保存
MD0	压力设定值	V100.0	出现故障标志位
VD28	PID 增益	V100.1	高压低于设定压力下限故障位
VD32	PID 积分时间（s）	V94.0	复位标志位
MD12	PID 微分时间（s）	V90.0	高压压力低于0
M16.0	PID 手动/自动控制	V90.1	两压力传感器采集值相差过大
M16.1	强制打开气控阀	V90.2	1#高压传感器损坏报警
M16.2	强制关闭气控阀	V90.3	2#高压传感器损坏报警
VW4	阀门控制输出	V90.4	低压传感器损坏报警
VW6	PID 输入压力值	V90.5	高压低于下限报警
VD8	手动设定 0~1.00	V90.6	高压超过上限报警
VD12	PID 设定点	V90.7	低压低于下限报警
VD16	高压压力	V91.0	低压高于上限报警
VD20	低压压力	V91.2	调节阀输入输出不一致报警
VD24	输出的开度 0~100	V91.3	气控阀无法开到位故障
VD80	读取的开口度	V91.4	气控阀无法关到位故障
MD4	高压下限报警值	V91.5	复位故障
MD8	高压上限报警值	VD3	低压下限报警值

（3）触摸屏中组态的变量　根据火电厂空压站组态 PLC 控制系统的 I/O 分配表和控制工艺操作要求，其人机控制界面中的组态变量如图 4-40 所示。

名称	连接	数据类型	地址	数组	采集周期...
M_OPEN	连接_1	Bool	M 16.1	1	1 s
Mset	连接_1	Real	VD 8	1	1 s
Valve1_HU1	<内部变量>	Int	<没有地...	1	1 s
Autoset	连接_1	Bool	V 94.2	1	1 s
Mannset	连接_1	Bool	V 94.3	1	1 s
Turn	<内部变量>	Real	<没有地...	1	1 s
L_bottom	连接_1	Real	VD 36	1	1 s
Dpid	连接_1	Real	MD 12	1	1 s
Ppid	连接_1	Real	MD 4	1	1 s
DcloseOK	连接_1	Bool	I 0.0	1	1 s
checkflag	连接_1	Bool	V 94.1	1	1 s
Rotary_1	<内部变量>	Bool	<没有地...	1	1 s
DopenOK	连接_1	Bool	I 0.1	1	1 s
Tempr	连接_1	Real	VD 52	1	1 s
resetflag	连接_1	Bool	V 94.0	1	1 s
M_CLOSE	连接_1	Bool	M 16.2	1	1 s
AorM	连接_1	Bool	M 16.0	1	1 s

a)

名称	连接	数据类型	地址	数组	采集周期...	
Ipid	连接_1	Real	MD 8	1	1 s	
Valve1_HU2	<内部变量>	Int	<没有地...	1	1 s	
Pump_H2	<内部变量>	Int	<没有地...	1	1 s	
L_top	连接_1	Real	VD 40	1	1 s	
alarm_code	连接_1	Int	VW 90	1	1 s	报警码
P_low	连接_1	Real	VD 20	1	1 s	低压压力
H_top	连接_1	Real	VD 32	1	1 s	高压上限
H_bottom	连接_1	Real	VD 28	1	1 s	高压下限
P_high	连接_1	Real	VD 16	1	1 s	高压压力
open_out	连接_1	Real	VD 24	1	1 s	开口度
Flow_sum	连接_1	Real	VD 60	1	1 s	累积流量
open_read	连接_1	Real	VD 80	1	1 s	实际读取的开口
Flow	连接_1	Real	VD 56	1	1 s	瞬时流量
DP	连接_1	Real	VD 48	1	1 s	压差
Pset	连接_1	Real	MD 0	1	1 s	压力设定值

b)

图 4-40　组态变量

4.4.4　系统控制组态 HMI 设计

（1）运行控制主画面设计　本画面组态中包含入口压力、出口压力、运行模式的选择、运行保护显示的状态，如图 4-41 所示。

运行控制主画面中的按钮组态功能如下：

1）入口压力（仪表供气管网压力）。

2）出口压力（输灰供气管网压力）。

3）运行模式（自动、手动）。

4）运行保护（开启、关闭）状态。

5）返回运行主界面的按钮。

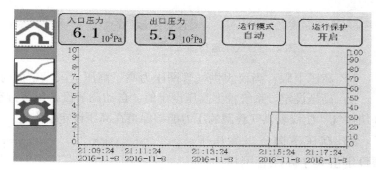

图 4-41　流量需求控制系统的运行控制主画面

6）进入设备运行状态画面。

7）进入参数设置画面。

（2）设备运行状态画面设计　设备运行状态画面如图 4-42 所示，在该画面中可以观察管网压力、准确地记录数据，以及判定设备运行是否正常。

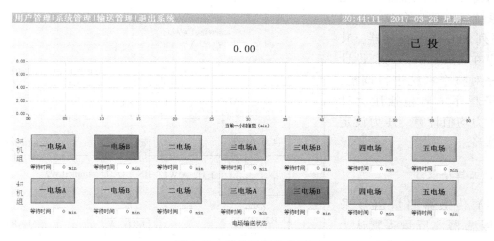

图 4-42　设备运行状态画面

气压运行曲线如图 4-43 所示。图中曲线 1 为入口压力（仪表供气管网）历史曲线，红色曲线 2 为仪表供气管网补偿到输灰供气管网实时流量的比例系数。

系统工作中实时流量为从仪表供气管网补偿到输灰供气系统的实时流量；累积流量为从仪表供气管网补偿到输灰供气系统的累积流量。

（3）参数设置画面设计　该组态画面中，用户可以根据现场的需求来设置各种压力参数，用以调节设备的运行情况，如图 4-44 所示。

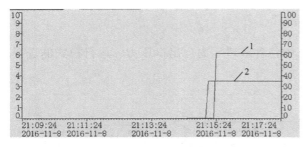

图 4-43　气压运行曲线

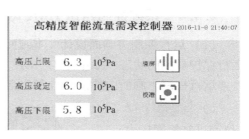

图 4-44　参数设置画面

1）高压上限：当仪表供气管网压力高于高压上限设定值时，系统进入自动运行模式。

2）高压设定：系统根据高压设定值，自动调节设备运行过程，合理向下游输灰供气管网补偿供气，使仪表供气管网的压力能够保持在高压设定值附近。

3）高压下限：当高压下限设定值大于高压管网压力值时，系统切断供气管路，停止向低压供气管网（输灰供气管网）补偿供气。

4.4.5 节能管控 PLC 控制程序设计

高精度智能流量需求节能控制系统运用西门子 S7-200 和 300 系列 PLC 作为控制器，其主程序在 OB01 中编写，设计主程序对整个系统进行调控，压力子程序主要包括压力计算、压力均值计算、压力设定值计算等。

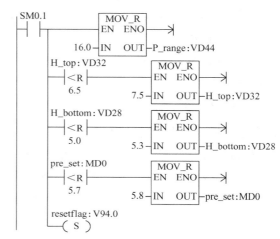

1. 主程序设计

（1）传感器测量信号采集　传感器实际量程默认为 1.6MPa（VD44），测量信号采集时需设置高压报警值和低压报警值，系统启动后立刻关闭出气阀门，并测试状态是否良好。传感器采集压力数字量 25600 对应 1.6MPa，数字量 480 对应 $0.3 \times 10^5 Pa$，图 4-45 所示

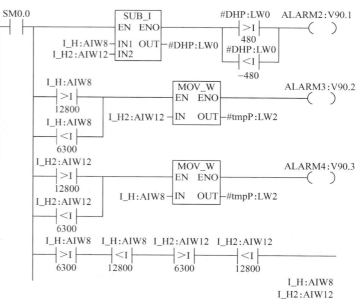

图 4-45　传感器测量信号采集

为部分参考程序。

（2）压力测量报警　当传感器故障或者压力过低或过高时进行报警，图4-46所示为测量信号报警参考程序设计。

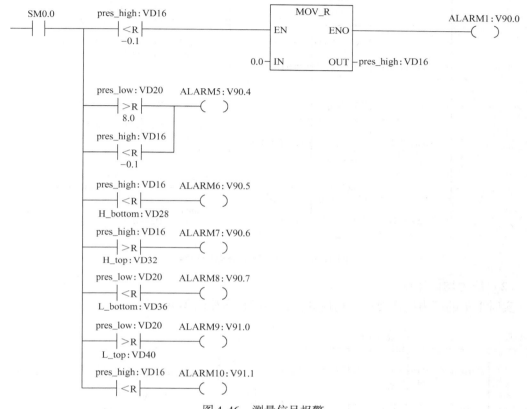

图 4-46　测量信号报警

（3）电动阀的输入输出控制　当传感器测量信号采集处理之后，执行 PLC 控制程序调节电动阀的输入输出，图4-47所示为部分参考程序设计。

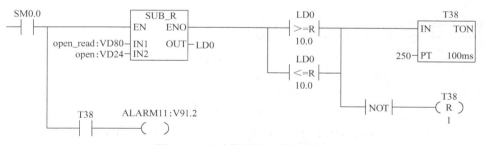

图 4-47　电动阀的输入输出控制

2. 压力子程序设计

（1）压力计算　如果两个传感器压差大于 $0.3 \times 10^5 Pa$，则认为有故障；单个传感器压力如果大于 $8 \times 10^5 Pa$（数字量 $19200 = 8 \times 10^5 Pa$）也说明有故障，压力计算部分参考程序如图4-48所示。

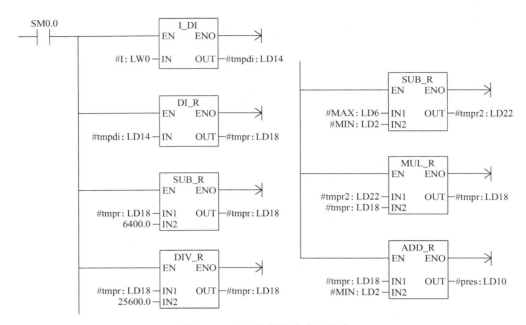

图 4-48　压力计算部分参考程序

（2）压力均值计算

实时采集的压力值需要进行均值计算，参考程序如图 4-49 所示。

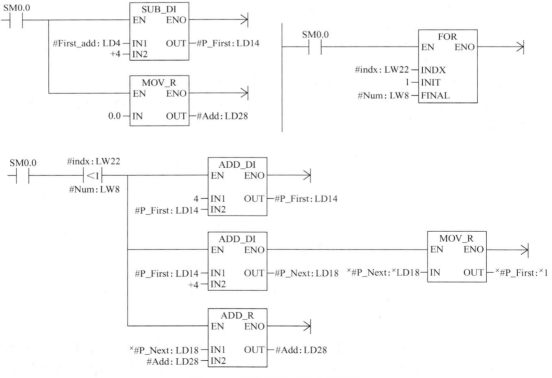

图 4-49　压力均值计算参考程序

（3）压力设定值计算 求压力设定值在量程中的位置，参考程序如图4-50所示。

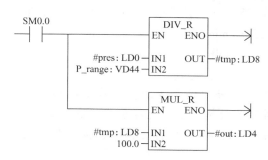

图4-50 压力设定值计算参考程序

4.4.6 系统调试

1. 离线调试

（1）通信调试 系统通信调试主要环节为：在控制设备通电和输出执行设备断电条件下，测试上位机与控制器之间通信功能是否满足设计要求。

（2）触摸屏与PLC联调 测试触摸屏中各个按钮的功能，在触摸屏的参数设定窗口给定控制参数，测试PLC输出位的状态是否符合实际控制流程要求。

2. 在线调试

系统初始上电后，单击流量柜操作界面系统"启动"按钮，系统投入使用，注意观察触摸屏界面上设备运行模式是否处于"自动"模式，运行保护是否处于"开启"状态。

停止使用时，按下"急停"按钮，关闭气动保险阀。再次投入使用时，松开"急停"按钮后，单击"复位"按钮。

3. 注意事项

实际使用中需定期点检，每过一段时间按下"点检"按钮，设备会自动检测保护装置气动蝶阀是否出现故障，若报警亮起，则气动蝶阀出现故障，故障排除后，设备才能再次投入使用，再次投入使用时，单击"复位"按钮后，系统自动运行。（**注**：设备点检过程中，会导致高压供气管网压力波动。）

必须注意的事项：当仪表供气管网压力不够，流量补偿系数"压力曲线"不是0时，需按下高精度智能流量需求柜"急停"按钮，关闭气动保险阀，切断高压管网（仪表供气管网）向低压管网（输灰供气管网）的补偿供气。

【控制应用分析】

某火电厂空压站各输送单元参数如下：

1）一电场A：耗气量55m³/min；一电场B：耗气量55m³/min。

2）二电场：耗气量 55m³/min。

3）三电场 A：耗气量 15m³/min；三电场 B：耗气量 15m³/min。

4）四电场：耗气量 15m³/min。

5）五电场：耗气量 15m³/min。

控制流程设计如下：

根据电场耗气量，电场可分为两个等级：大流量电场（一、二电场）和小流量电场（三、四、五电场）。同等耗气量情况下一电场优先级高于二电场，五电场高于四电场，四电场高于三电场，双机组（3#，4#）运行过程中，按流量分配为两大两小电场同时进行输灰。

1. 运行状态

在气力输灰专家控制系统主界面上，单击"未投"，将气力输灰专家控制系统切换到"已投"在线模式，对各电厂运行进行优化控制。此时运行人员注意观察灰斗里正常料位变化情况。各电厂长时间运行后，在各电场正常运行情况下灰斗里未出现长时间高料位，说明此时气力输灰专家控制系统在合理的时间内能够满足输灰的要求。

注意观察气力输灰专家控制系统主界面上待输灰电厂的等待时间，当其时间超过输送等待时间设定值时，说明系统获得优化控制功能，图 4-51 所示为系统运行状态分配图。

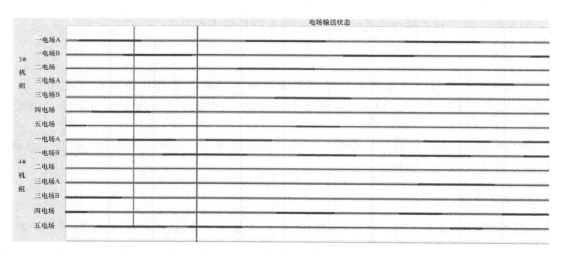

图 4-51　系统运行状态分配图

2. 节能时效

对气力输灰系统进行节能测试，采用隔天测试，即离线一天，在线一天的运行模式，如取时间段 8 点至次日 8 点的 24 小时数据。

（1）计算过程描述

离线状态空压站总耗电量＝离线模式下空压站耗电量总和

在线状态空压站总耗电量＝在线模式下空压站耗电量总和

节能率＝（离线模式下空压站耗电量总和－在线模式下空压站耗电量总和）÷

离线模式下空压站耗电量总和×100%

测试时间段的相关数据统计如表 4-9 所示。

表4-9 相关测试数据统计表

| 日期 | 离线状态 | | | | | | | | | | | | 离线小计用电量 | 发电量 | 煤耗 |
	机务A	机务C	机务E	机务B	机务D	机务F	输灰A	输灰C	输灰E	输灰B	输灰D	输灰F	/(10⁴kW·h/d)	/10⁴kW·h	/t
14	0.676	0.611	0.057	0	0	0.536	0.447	0.294	0.516	0.582	0.12	0.598	**4.437**	2218.4	11902
16	0.675	0.613	0	0	0	0.588	0.266	0.528	0.477	0.587	0.374	0.432	**4.54**	2471.4	13123
19	0.673	0.608	0	0	0	0.564	0.598	0.213	0.283	0.593	0.582	0.547	**4.661**	2267.3	12597
21	0.69	0.615	0	0	0	0.6	0.608	0.146	0.522	0.588	0.376	0.601	**4.746**	2293.2	12586
合　计													**18.384**	9250.3	50208
	在线状态												在线小计用电量	发电量	煤耗
	机务A	机务C	机务E	机务B	机务D	机务F	输灰A	输灰C	输灰E	输灰B	输灰D	输灰F	/(10⁴kW·h/d)	/10⁴kW·h	/t
15	0.663	0.645	0	0	0	0.675	0.589	0.266	0.397	0.168	0.084	0.302	**3.789**	2345.6	12572
18	0.66	0.638	0	0	0	0.678	0.446	0.516	0.122	0.007	0.404	0.186	**3.657**	2219.9	12079
20	0.665	0.646	0	0	0	0.678	0.574	0.327	0.008	0.087	0.552	0.179	**3.716**	2253.36	12600
22	0.663	0.639	0	0	0	0.678	0.599	0.363	0.117	0.168	0.555	0.014	**3.796**	2287.2	12576
合　计													**14.958**	9106.06	49827

（2）效果评价　由表4-9可知，系统在线状态下四天内输灰单元用电量为 $14.958 \times 10^4 \mathrm{kW·h}$，机组发电量为 $9106.06 \times 10^4 \mathrm{kW·h}$；系统离线状态下四天内输灰单元电用量为 $18.384 \times 10^4 \mathrm{kW·h}$，机组发电量为 $9250.3 \times 10^4 \mathrm{kW·h}$。

假设在线状态发电量与离线状态发电量相同，则按比例关系输灰单元用电量应为：

$$14.958 \times 9250.3 \div 9106.06 = 15.195 (10^4 \mathrm{kW·h})$$

依当量值18.098计算：

$$节能率\ \xi = (18.384 - 15.195) \div 18.384 \times 100\% = 17.35\%$$

另外当量计算只是按比例进行的，与实际状况并不完全一致，因为系统运行是一个非常复杂的过程，综合因素较多，除了考虑发电量，还有燃煤品质、管道压力变化对空压机能耗的影响、管道压力变化对管道泄漏的影响以及压力变化和阻力的关系等，所以其结果只能反应模糊数据。

【在线开放资源】

1）中国大学MOOC和蓝墨云班课——资源："项目4综合任务4"中的数字化文本资源。

2）HMI技术论坛——西门子（中国）官网（http://www.ad.siemens.com.cn）主页中的"工业支持中心"→"找答案"。

西门子（中国）官网

综合任务5　自动面粉包装机控制设计

学习目标

1. 认识自动面粉包装机控制的工艺流程。

2. 理解自动面粉包装机控制中的变量分配。

3. 掌握自动面粉包装机控制的人机界面设计。

4. 掌握自动面粉包装机控制的 PLC 程序设计；

5. 掌握系统的模拟运行和仿真测试。

技术难点

1. 自动面粉包装机控制的工艺流程。

2. 自动面粉包装机控制中的变量分配。

3. 自动面粉包装机控制的人机界面设计。

4. 自动面粉包装机控制的 PLC 程序设计。

任务描述

模拟实现自动面粉包装机控制系统设计，要求：

1. 完成系统的控制变量分配和组态。

2. 控制对象的画面设计。

3. PLC 控制程序的设计。

4. 模拟运行和测试设计的系统。

【跟我学】

4.5.1 自动面粉包装机简况

1. 工程背景与需求

工业生产包装方面一般温湿度高，粉尘重，尤其是面粉生产行业，传统的机电继电器控制装置使用周期短，维护工作量大，面粉包装机能够大大节省劳动力成本，提高劳动生产率，提高包装品质，促进面粉加工生产线的自动化。面粉包装机采用先进人机界面组态控制，对生产环境要求不高，可实现自动化生产，提高生产效率，节约维护成本，具有明显的经济成效。

2. 技术指标

自动面粉包装控制系统采用三菱 PLC 控制确定计量精度，通过西门子 Smart 700 IE 触摸屏组态监控自动包装机的运行状态，可随时根据生产要求修改控制参数，实现了智能化的自动包装控制过程和可视化的参数控制，其主要技术指标为：

1) 包装材料：预制编织袋（内附 PP/PE 膜）。

2) 制袋尺寸：$(300 \sim 400\text{mm}) \times (200 \sim 250\text{mm})[长 \times 宽]$。

3) 包装物料：无黏性粉状物料。

4) 包装速度：10 包/min（根据包装物料、袋子尺寸等会稍有变化）。

5) 环境温度：$-10 \sim +45℃$。

6) 气源：压缩空气 $0.5 \sim 0.7\text{MPa}$。

7) 电源：AC380V、50Hz。

8) 总功率：约 3.0kW。

3. 控制工艺要求

整个系统的生产控制执行环节主要采用气压传动，气动系统包括各种电磁换向阀和单作用气缸，气缸控制着包装过程的一系列动作，主要包括储料斗仓门的启闭，取包装袋、送袋，张开袋口、套装袋、袋口夹紧、向后拉等过程，应满足如下工艺运行要求：

1）采用自动控制，实现机组的优化运行，节约能源，减少设备运行损耗，提高生产使用周期。

2）通过光电开关确定包装袋箱是否有袋，如果有，继续下一步，否则发出报警信息。

3）取袋气缸驱动吸盘上下运动，自动去抓取包装袋，将包装袋放到拖板上，通过传动带传送到定位平台，将包装袋口输送到两个上下吸盘之间，定位装置由压力定位辊轮构成。

4）气缸驱动吸盘吸牢袋口后，并张开袋口，通过气缸驱动将包装袋套入储料斗上。

5）原料由前一道工序的带式输送机存入储料斗，在储料斗套好料袋后，打开储料斗仓门，在振动器的振动下，面粉通过出料口流入包装袋，通过称重传感器实时测量灌装质量，到达设定值后，迅速关闭储料斗出料口。

6）当灌装结束时，通过气缸驱动夹紧装置，夹紧包装袋口，然后拖到封口工序，通过封口机封口，最后拖到传送带上，完成了整个包装过程。

其控制结构图如图4-52所示。

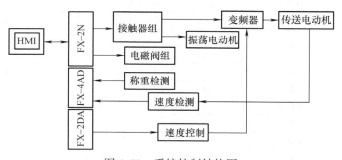

图4-52　系统控制结构图

【跟我做】

4.5.2　主电路设计和地址分配

（1）主电路设计　主电路系统采用3相380V交流电源工作，接到L1、L2、L3上供设备使用，系统控制主电路如图4-53所示，其具体电气设备符号与功能如下：

1）M1是振动器电动机，驱动装料；KM1是振动器电动机启停接触器，可以频繁地启动和停止振动器电动机。

2）M2是主传送电动机，由驱动变频器控制主传送速度，稳定传送。

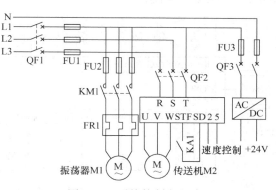

图4-53　系统控制主电路

3）KA1 是变频启动中间继电器，PLC 控制 KA1 线圈得电，常开触点闭合，变频器启动，驱动传送。

直流电源部分，将 220V 交流电变成 24V 直流电供应 PLC 和输入、输出使用。

（2）PLC 地址分配　根据生产工艺要求，系统选用三菱 FX2N PLC 和西门子 Smart 700 IE 触摸屏作为控制电路主要装置，本系统共使用了 25 个输入和 10 个输出，满足控制要求，PLC 的主模块、模拟量输入/输出模块的 I/O 定义如表 4-10 和表 4-11 所示。

表 4-10　输出地址分配表

外 部 编 号	输出地址	名　　称	外 部 编 号	输出地址	名　　称
运行指示灯	Y000	HL1	张开袋口	Y005	YV4
故障指示灯	Y001	HL2	套装袋	Y006	YV5
储料斗仓门的启闭	Y002	YV1	袋口夹紧	Y007	YV6
取包装袋	Y003	YV2	振动器	Y010	KM1
送袋	Y004	YV3	传动带传送	Y011	KA1

表 4-11　输入地址分配表

外 部 编 号	输入地址	名　　称	外 部 编 号	输入地址	名　　称
启动按钮	X0000	SB1	套装袋气缸原位	X0021	SQ9
停止按钮	X0001	SB2	套装袋气缸到位	X0022	SQ10
急停开关	X0002	SB3	袋口夹紧气缸原位	X0023	SQ11
自动/手动转换开关	X0003	SA1	袋口夹紧气缸到位	X0024	SQ12
过载	X0004	FR1	封口气缸原位	X0025	SQ13
故障复位按钮	X0005	SB4	封口气缸到位	X0026	SQ14
包装袋箱光电开关	X0006	S1	出料阀打开到位	X0027	SQ15
包装袋口定位光电开关	X0007	S2	出料阀关闭到位	X0030	SQ16
封口机封口位光电开关	X0010	S3	张开袋口 1 气缸原位	X0015	SQ5
取包装袋气缸原位	X0011	SQ1	张开袋口 1 气缸到位	X0016	SQ6
取包装袋气缸到位	X0012	SQ2	张开袋口 2 气缸原位	X0017	SQ7
送袋气缸原位	X0013	SQ3	张开袋口 2 气缸到位	X0020	SQ8
送袋气缸到位	X0014	SQ4			

（3）PLC 硬件接线　根据表 4-10 和表 4-11，主模块、模拟量模块接线原理图，分别如图 4-54 与图 4-55 所示。

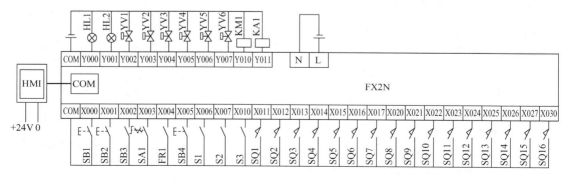

图 4-54　主模块接线原理图

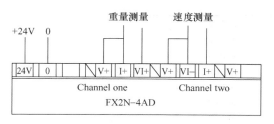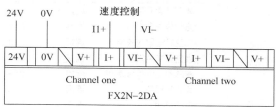

图 4-55　模拟量模块接线原理图

（4）触摸屏中变量地址分配　根据系统控制工艺要求，在操作控制中 Smart 700 IE 触摸屏存储区变量地址分配如表 4-12 所示。

表 4-12　存储区变量地址分配表

外 部 对 象	变 量 地 址	外 部 对 象	变 量 地 址
真空吸盘取包装袋	M50	重量 > 设定重量	M4
真空吸盘取包装袋上升	M51	重量 = 设定重量	M5
传送到定位平台	M52	重量 < 设定重量	M6
传送到定位平台返回	M53	读取 M25 到 M10 错误存储	M10
吸盘张开袋口	M54	单次称重	D20
套到储料斗	M55	累积称重	D40
打开料斗仓门装料	M56	设定速度	D42
关闭仓门	M57	自动启动	M30
夹紧袋口	M58	手动控制	M31
封口	M59	故障标志	M32
拖到传送带上	M60	启动 PID 调节	M33

4.5.3　控制系统触摸屏组态设计

（1）画面结构与连接变量设计　根据系统的控制工艺要求，需组态的控制画面主要有：
1）初始画面。
2）用户管理画面，用于用户的登录、注销和用户管理。
3）控制选项操作画面。
4）控制调试画面和自动控制画面。
5）报警画面，用于查看执行机构的动作故障以及报警信息历史记录。
根据触摸屏存储区变量地址分配表组态变量列表，如图 4-56 所示。

（2）初始画面和控制选项操作画面设计　初始画面组态中包含简单设备图形对象和用户登录与注销按钮等功能，如图 4-57 所示。控制选项操作画面如图 4-58 所示。

（3）控制调试画面和自动控制画面设计　手动单步控制调试画面主要为设备生产调试使用，其设计中包括 10 项控制执行机构的调试运行与状态指示灯，指示灯均为双状态模式，如图 4-59 所示；自动控制画面如图 4-60 所示，按下系统启动按钮后系统进入自动化生产运行模式且具有设定生产参数与记录生产量功能。

名称	连接	数据类型	地址	数组计数	采集周期
真空吸盘取包装袋上升	连接_1	Bool	M 51.0	1	1 s
拖到传送带上	连接_1	Bool	M 60.0	1	1 s
真空吸盘取包装袋	连接_1	Bool	M 50.0	1	1 s
吸盘张开袋口	连接_1	Bool	M 54.0	1	1 s
传送到定位平台返回	连接_1	Bool	M 53.0	1	1 s
套到储料斗	连接_1	Bool	M 55.0	1	1 s
自动启动	连接_1	Bool	M 30.0	1	1 s
重量＞设定重量	连接_1	Real	MD 4	1	100 ms
累积称量	连接_1	Real	MD 40	1	1 s
单次称量	连接_1	Real	MD 20	1	100 ms
关闭仓门	连接_1	Bool	M 57.0	1	1 s
手动控制	连接_1	Bool	M 31.0	1	1 s
重量＝设定重量	连接_1	Real	MD 5	1	100 ms
传送到定位平台	连接_1	Bool	M 52.0	1	1 s
打开料斗仓门装料	连接_1	Bool	M 56.0	1	1 s
速度设定	连接_1	Real	MD 42	1	100 ms
夹紧袋口	连接_1	Bool	M 58.0	1	1 s
重量＜设定重量	连接_1	Real	MD 6	1	100 ms
封口	连接_1	Bool	M 59.0	1	1 s

图 4-56　组态变量列表

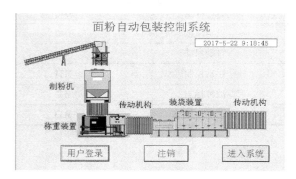

图 4-57　初始画面

图 4-58　控制选项操作画面

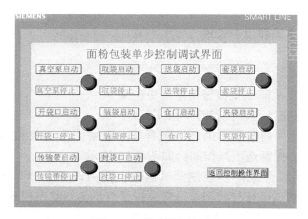

图 4-59　控制调试画面

图 4-60　自动控制画面

（4）报警组态 控制系统在运行过程中，如出现取袋、送袋、开袋、套袋、装袋、仓门、夹袋和封袋动作失败，在触摸屏界面上能够实时报警提示，组态报警对象如图4-61所示。

文本	编号	类别
真空吸盘取包装袋上升	1	错误
拖到传送带上	2	警告
吸盘张开袋口	3	错误
真空吸盘取包装袋	4	错误
套到储料斗	5	错误
关闭仓门	6	错误
夹紧袋口	7	错误
封口	8	错误
打开料斗仓门装料	9	错误

图4-61 报警对象组态

（5）HMI模拟运行 组态完的画面，先进行模拟调试，调试方法与步骤类同本项目前文中的工程案例，此处不再细述。

4.5.4 系统PLC控制程序设计

1. 开机初始化程序设计

开机初始检查模块是否正确工作，开机初始化参考程序如图4-62所示。

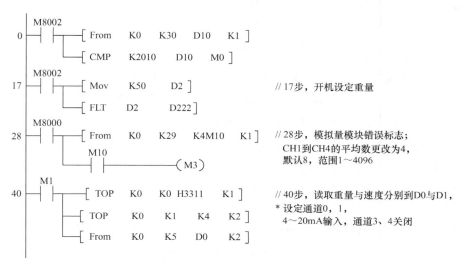

图4-62 开机初始化参考程序

2. 自动控制程序设计

（1）启动与故障程序设计 启动与故障参考程序如图4-63所示。

157

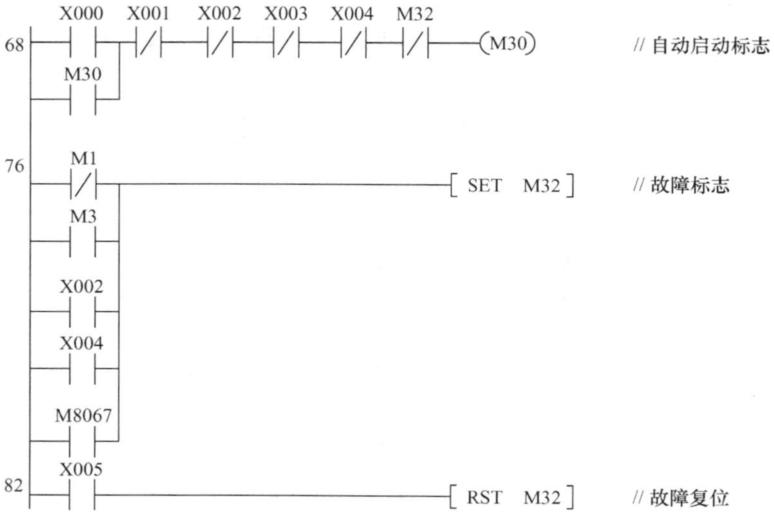

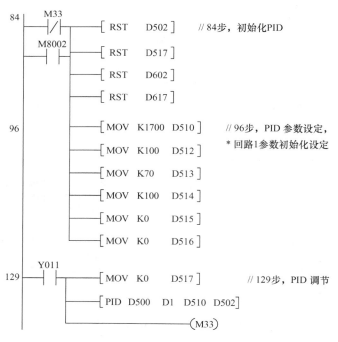

图 4-63　启动与故障参考程序

（2）模拟量输出 PID 控制程序设计　PID 初始化及功能调节参考程序如图 4-64 所示；重量和速度设定、浮点数运算、输出显示和 PID 识别等模拟量控制输出参考程序如图 4-65 所示：

图 4-64　PID 初始化及功能调节参考程序

（3）装料动作逻辑控制程序设计　装料动作流程主要包括以下 7 步，参考程序如图 4-66 所示。

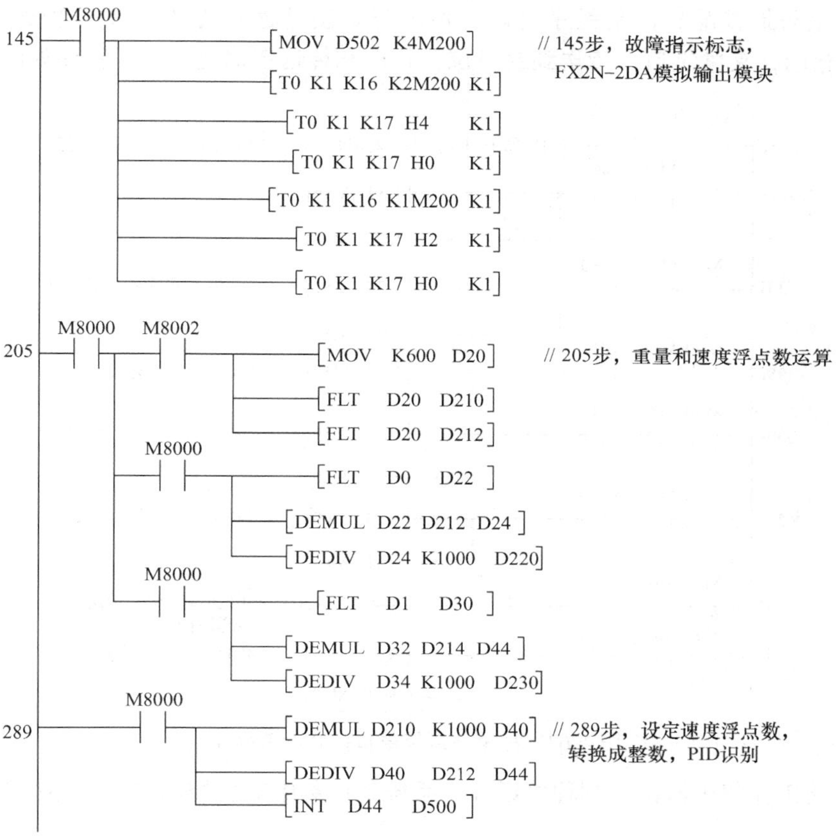

```
        M8000
145 ──┤├──────────────────[MOV  D502  K4M200]      //145步，故障指示标志，
                           [T0 K1 K16 K2M200 K1]         FX2N-2DA模拟输出模块
                           [T0 K1 K17 H4      K1]
                           [T0 K1 K17 H0      K1]
                           [T0 K1 K16 K1M200 K1]
                           [T0 K1 K17 H2      K1]
                           [T0 K1 K17 H0      K1]

        M8000  M8002
205 ──┤├────┤├────────────[MOV   K600  D20]        //205步，重量和速度浮点数运算
                           [FLT   D20   D210]
                           [FLT   D20   D212]
        M8000
      ──┤├──────────────── [FLT   D0    D22]
                           [DEMUL D22 D212 D24]
                           [DEDIV D24 K1000 D220]
        M8000
      ──┤├──────────────── [FLT   D1    D30]
                           [DEMUL D32 D214 D44]
                           [DEDIV D34 K1000 D230]
        M8000
289 ──┤├──────────────────[DEMUL D210 K1000 D40]   //289步，设定速度浮点数，
                           [DEDIV D40  D212  D44]         转换成整数，PID识别
                           [INT   D44  D500]
```

图 4-65　模拟量控制输出参考程序

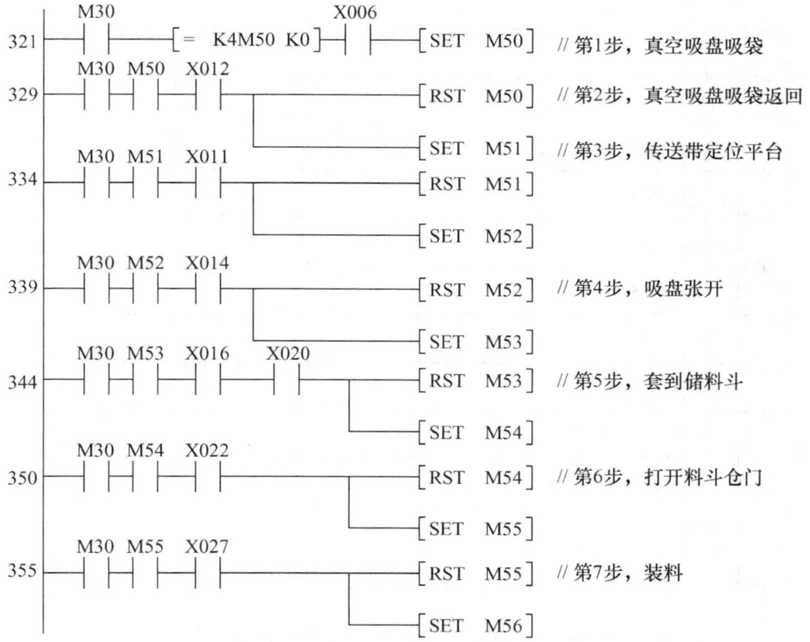

```
        M30                    X006
321 ──┤├────[= K4M50 K0]──┤├──────[SET  M50]   //第1步，真空吸盘吸袋
        M30 M50 X012
329 ──┤├─┤├─┤├────────────────────[RST  M50]   //第2步，真空吸盘吸袋返回
                                  [SET  M51]   //第3步，传送带定位平台
        M30 M51 X011
334 ──┤├─┤├─┤├────────────────────[RST  M51]
                                  [SET  M52]
        M30 M52 X014
339 ──┤├─┤├─┤├────────────────────[RST  M52]   //第4步，吸盘张开
                                  [SET  M53]
        M30 M53 X016  X020
344 ──┤├─┤├─┤├──┤├────────────────[RST  M53]   //第5步，套到储料斗
                                  [SET  M54]
        M30 M54 X022
350 ──┤├─┤├─┤├────────────────────[RST  M54]   //第6步，打开料斗仓门
                                  [SET  M55]
        M30 M55 X027
355 ──┤├─┤├─┤├────────────────────[RST  M55]   //第7步，装料
                                  [SET  M56]
```

图 4-66　装料动作逻辑控制参考程序

（4）称重与封袋逻辑控制程序设计　称重与封袋过程主要动作有：比较重量是否到，重量到关闭仓门，夹紧袋口，传送到封口位，封口和传送带输送，参考程序如图4-67所示。

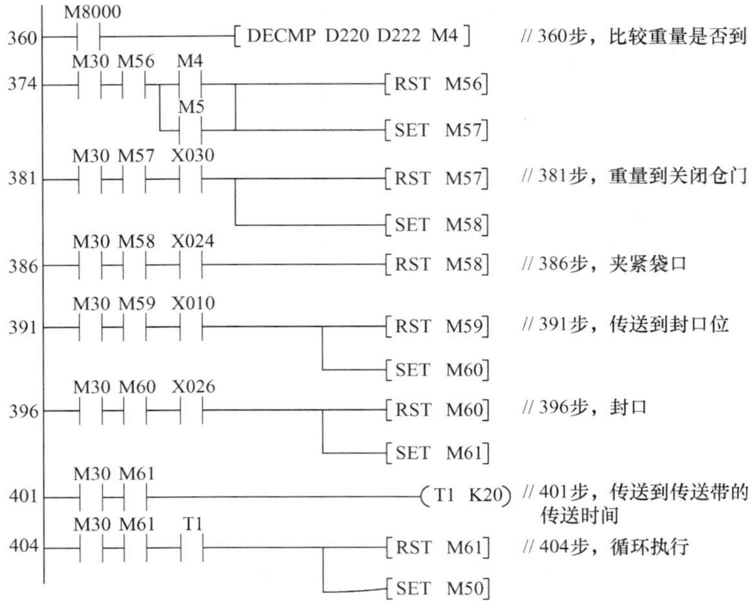

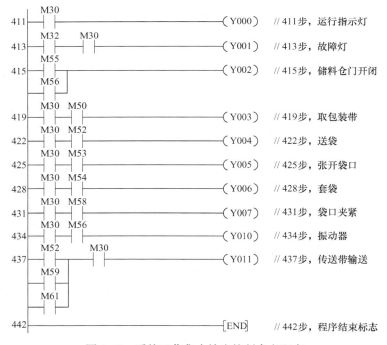

图4-67　称重与封袋逻辑控制参考程序

（5）系统工作集中输出控制程序设计　系统工作集中输出控制参考程序如图4-68所示。

图4-68　系统工作集中输出控制参考程序

4.5.5 控制系统调试

（1）软件调试 接通电源，模拟运行控制系统。

（2）硬件调试 系统启停工作测试，系统硬件初始上电后，依次给定 PLC 控制输入端的信号，检测对应控制输出端硬件工作状态。

停止使用时，按下"急停"按钮，关闭气动保险阀。再次上电时，松开"急停"按钮后，单击"复位"按钮，重复上述测试过程并检测输出端硬件工作状态。

（3）在线运行调试 首先分别单击触摸屏单步控制调试画面中的 10 项控制执行机构的运行启停按钮，观测执行机构的动作状态与状态指示灯。

其次单击自动控制画面中的启停按钮，观测系统进入的自动化生产运行模式是否符合控制生产工艺流程。

【在线开放资源】

1）中国大学 MOOC 和蓝墨云班课——资源："项目 4 综合任务 5"中的数字化文本资源。

2）HMI 技术论坛——西门子（中国）官网（http：//www. ad. siemens. com. cn）主页中的"工业支持中心"→"找答案"。

西门子（中国）官网

综合任务 6 微动力除尘设备设计与控制

学习目标

1. 认识微动力除尘设备控制的工艺流程。
2. 理解微动力除尘设备控制中的变量分配。
3. 掌握微动力除尘设备控制的人机界面设计。
4. 掌握微动力除尘设备控制的 PLC 程序设计。
5. 掌握系统的模拟运行和仿真测试。

技术难点

1. 微动力除尘设备控制的工艺流程。
2. 微动力除尘设备控制中的变量分配。
3. 微动力除尘设备控制的人机界面设计。
4. 微动力除尘设备控制的 PLC 程序设计。

任务描述

在基于触摸屏的小型 PLC 控制硬件系统上，模拟实现微动力除尘设备控制系统设计，要求：

1. 完成系统的控制变量分配和组态。
2. 控制对象的画面设计。
3. PLC 控制程序的设计。
4. 模拟运行和测试设计的系统。

【跟我学】

4.6.1 微动力除尘简况

1. 工程背景与需求

除尘器属于环保领域清除粉尘污染的高效节能装置，主要适应于选矿厂、钢铁厂、水泥厂、电厂、煤场等物料中转转运站。目前国内外在落料点处除尘多采用大型"布袋式除尘器""高压静电式除尘器""水浴式除尘器"等，这些除尘器基本上体积都比较大，占地面积也很大，制造、安装和运行都很复杂，造价高，而且还要对后续维护、检修投入大量人力、物力及财力，同时能耗大，并且是一机多点，用管道连接，导致管阻增大，管道堵塞，大大降低了除尘效果。

单点微动力除尘系统是一种单点小布袋除尘器，各扬尘点不用管道连接，直接安装在落料点处。采用单点小布袋除尘方法，避免了管阻的产生，也避免了管道的堵塞，这样可以降低风机功率，有效克服了上述大布袋式等集中除尘的高价格、高能耗、大空间、维修复杂等弊病。单点微动力除尘器是一种结构简单合理、节约能源、安装方便、适用范围广，且体积小、成本低、运行可靠、自动化程度高的除尘装置。该系统节能、环保，在控制空气污染及清洁生产方面具有很重要的作用。系统设计运行要求符合：

1）结构合理，设计新颖，除尘效率高，符合国家环保指标要求。

2）系统与输料设备启停同步，PLC 控制，稳定可靠。

3）按物料种类、温度、水分，选择滤料和胶条，保证除尘效果，提高使用寿命。

4）控制器具有远程控制接口，液晶屏显示，键盘设定参数。

5）分箱清灰，提高清灰效率，防止清灰时粉尘外益。

6）全部控制实现自动化，即物料来时，除尘器检测系统检测到来料信号，自动开始工作，当无物料时，除尘器检测到停料信号自动停止工作。

7）定时清灰，除尘器内安装有压差传感器，当过滤装置堆积大量灰尘时，根据压差变化，推算出过滤装置粉尘堆积大小，定时启动清灰装置，对过滤装置进行清灰，除掉堆积灰尘。

2. 设备主要构成及工作流程

（1）设备主要构成　设备主要由主箱体、小功率引风机、过滤装置、清灰装置、阻尼装置、减压装置和控制系统组成。

（2）工作流程　含尘气体由进风口进入灰斗，其中粗颗粒的粉尘因风速降低直接沉降落入灰斗，细小粉尘经过滤袋过滤后形成粉尘层附着在滤袋的外壁。滤袋上的粉尘随着过滤时间增加而积聚，当达到设定时间时，脉冲阀开启，气包内的压缩空气瞬时地经脉冲阀由喷吹管高速喷出，使积附在滤袋表面的粉尘层脱落。脱落的粉尘落入灰斗，经排灰阀排出。如此周期性的清理积附在滤袋上的粉尘，保证除尘系统运行。其工作主要流程环节为：

1）输送带工作，风机启动。

2）延时（延时时间为"除尘时间间隔"，请参照参数设定说明）。

3）延时时间到，气缸 1 启动。

4）气缸 1 到位后，脉冲阀 1（反吹 1）启动。

5）气缸1回位。

6）气缸2启动。

7）气缸2到位后，脉冲阀2（反吹2）启动。

8）气缸2回位。

3．应用领域

（1）使用对象 适用于任何转速、带宽的输料传送带机、灰仓和转运站。

（2）适用行业 广泛适用于炼铁、矿山、热电厂、焦化厂、洗煤厂、水泥厂等各行业的传送带输送机。

（3）适合安装的位置 传送带输送机转运站、料仓物料落入传送带输送机的落料点、螺旋输送机物料转运到传送带输送机的落料点、振动给料机物料落入传送带输送机的落料点、圆盘给料机物料落入传送带输送机的落料点、破碎机下部皮带输送机的落料点等。

（4）所适合的物料 适合所有固态物料，粒度100mm以下，温度−30~90℃。

4．技术指标应用范围

1）达到国家环保要求，岗位粉尘浓度≤10mg/m³。

2）过滤面积：30~2000m²。

3）风机风量：3000~10000m³/h。

4）除尘效率：大于99%。

5）室内噪声：小于85dB。

6）工作喷吹压力：0.4~0.6MPa。

7）膜片工作寿命：100万次以上。

8）使用介质：清洁空气。

5．应用注意事项

1）输入电源是否正常，电缆是否有明显破皮、露金属线等现象。

2）压力表显示是否正常。

3）控制柜需防尘、防水。

4）手动状态下，不建议同时启动所有气缸与脉冲阀。

5）定期清理控制柜里的灰尘，累积的粉尘会造成控制柜元器件的损毁，建议间隔10~20天一次，使用压缩空气进行吹扫；定期检查控制柜内配线是否有脱落松动，注意控制柜的防水。

【跟我做】

4.6.2 控制系统硬件选型和地址分配

（1）控制设备选型与PLC地址分配 根据生产工艺要求，本系统共有手动控制8个控制输入和9个控制输出，系统选用西门子S7-200 PLC和Smart 700 IE触摸屏作为控制主要装置，满足控制要求，PLC控制模块的I/O定义如表4-13所示。

表 4-13　PLC 输入/输出 I/O 分配表

外部编号	输入地址	外部编号	输出地址	名　称
手动/自动切换	I0.0	运行指示灯	Q0.7	HL1
输送机手动	I0.1	故障指示灯	Q1.0	HL2
风机手动	I0.2	输送机	Q0.0	YV1
气缸 1 手动	I0.3	风机	Q0.1	YV2
气缸 2 手动	I0.4	气缸 1	Q0.2	YV3
脉冲阀 1 手动	I0.5	气缸 2	Q0.3	YV4
脉冲阀 2 手动	I0.6	脉冲阀 1	Q0.4	YV5
急停	I0.7	脉冲阀 2	Q0.5	YV6
		报警	Q0.6	扬声器

（2）触摸屏中变量地址分配　根据系统控制工艺要求，在操作控制中触摸屏存储区变量地址分配如表 4-14 所示。

表 4-14　触摸屏存储区变量地址分配表

外部对象	变量地址	外部对象	变量地址
输送机	M10.0	气缸 2	M10.3
风机	M10.1	脉冲阀 1	M10.4
气缸 1	M10.2	脉冲阀 2	M10.5

（3）控制硬件接线　根据 PLC 控制模块的 I/O 定义，系统控制硬件接线原理图如图 4-69 所示。

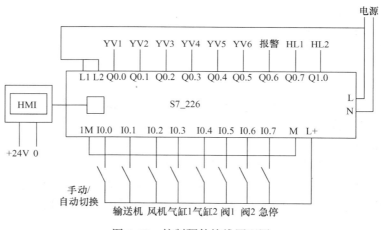

图 4-69　控制硬件接线原理图

4.6.3　控制系统触摸屏组态设计

（1）组态画面结构设计　根据系统的控制工艺要求，触摸屏中变量地址分配，需组态的控制画面主要有：

1）开机初始画面。

2）用户管理画面，用于用户的登录、注销和用户管理。

3）控制主画面。

4）手动单步调试画面。

5）控制参数设置画面。

6）报警画面，用于查看报警的历史记录。

7）系统运行画面。

本控制系统分为"自动"与"手动"两种工作状态。"手动"状态流程仅为设备调试及故障检查时使用，具体操作流程根据现场情况而定，系统运行前应根据运行工况进行系统参数设定或修改，以满足现场运行要求，各操作画面切换方式如图4-70所示。

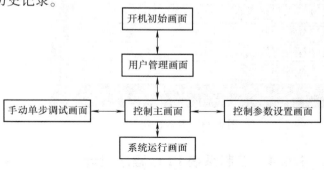

图4-70　画面切换方式

（2）开机初始画面与主画面设计

系统控制开机初始画面如图4-71所示，系统开机后执行自动运行模式时设备执行器件工作状态应满足以下工作条件：

1）"电源"信号灯亮。

2）切换开关打到"自动"状态。

3）液晶显示器显示工作状态为"自动运行状态"。

4）输送带启动运行。

按下开机初始画面中的"主画面"切换按钮，进入如图4-72所示的主画面，该控制操作画面包括四个子控制画面切换按钮。

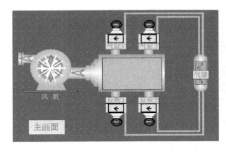

图4-71　开机初始画面

图4-72　主画面

（3）控制参数设置画面设计　按下图4-72所示的"参数设置"按钮，进入图4-73所示的参数设置画面，实现系统控制运行参数设定。

（4）手动单步调试画面设计　手动调试状态工作条件：

1）切换开关打到"手动"状态。

2）液晶显示器显示工作状态为"手动调试状态"。

3）"电源"灯亮。

按下图4-72所示的"手动单步调试"按钮：进入手动单步调试画面，如图4-74所示。选择操作对象，按下所示的相应按键，相应操作对象动作，且画面信号灯由红变绿，松开按键，相应操作对象复位。

165

	设置		显示	
清灰间隔时间:	输入框	m	输入框	m
气缸动作时间:	输入框	0.1s	输入框	0.1s
反 吹 时 间:	输入框	0.01s	输入框	0.01s
气缸回位时间:	输入框	0.1s	输入框	0.1s
气缸间隔时间:	输入框	m	输入框	m
风机停机时间:	输入框	s	输入框	s

系统主画面

图 4-73　参数设置

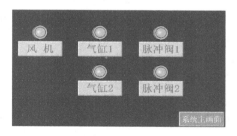

图 4-74　手动单步调试画面

4.6.4　控制系统 PLC 程序设计

（1）控制主程序设计　本节只给出系统自动控制参考程序设计，其控制主程序主要包括气缸动作时间、清灰间隔时间、气缸动作间隔时间、反吹时间以及风机停机时间参数设定等，参考梯形图程序如图 4-75 所示。

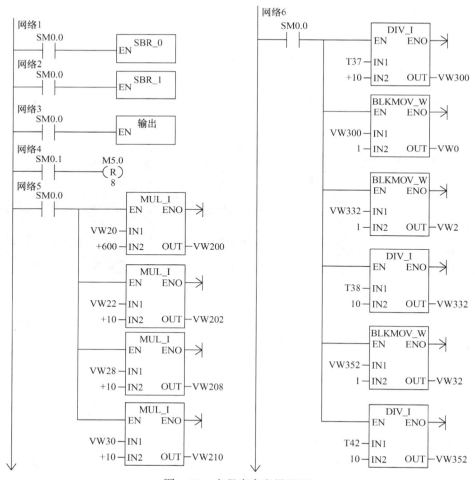

图 4-75　主程序参考梯形图

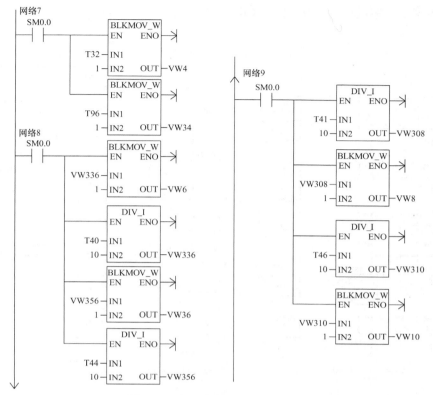

图 4-75 主程序参考梯形图（续）

（2）控制子程序设计（SBR_ 0）（如图 4-76 所示）

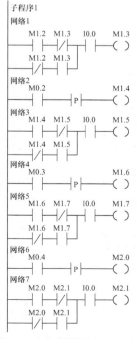

图 4-76 参考子程序 SBR_ 0

（3）控制子程序设计（SBR_ 1）（如图4-77所示）

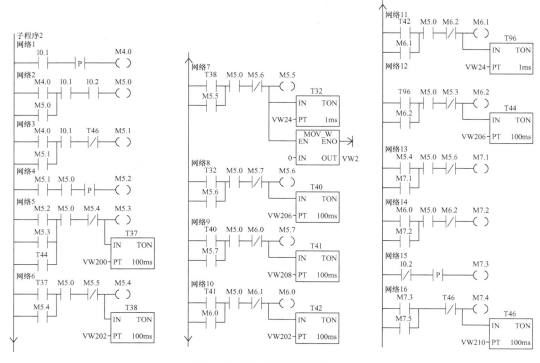

图4-77　参考子程序 SBR_ 1

（4）控制输出设计（如图4-78所示）

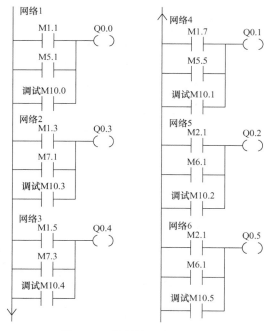

图4-78　控制输出参考程序

4.6.5 控制系统模拟调试与故障分析

1. 系统模拟调试

除尘设备系统工程实践模拟调试主要步骤：
1）完成控制画面设计（见本任务 4.6.3 节）。
2）完成控制程序设计（见本任务 4.6.4 节）。
3）试验台测试（过程省略）。

2. 应用故障分析

（1）除尘设备不工作
1）检查输入电源是否正常，动力电源和控制电源应分别为 380V/50Hz、220V/50Hz。
2）检查开关电源是否输出正常，应为 DC24V 输出。
3）检查输送带信号是否正常，输送带运行时该信号应为常闭开关节点信号。
4）检查各参数设定是否正确。
（2）PLC 连接不正常　电源不正常，检查供电回路；电缆不正常，更换电缆；如果电源和电缆都正常，说明 PLC 损坏，通知生产厂家进行处理。
（3）显示不正常　如果触摸屏无动态显示，检查触摸屏和 PLC 之间的数据线。如果触摸屏无显示，检查显示器供电电源，电源不正常，检查供电回路；电源正常，检查触摸屏和开关电源之间的连线，如果连线正常，说明触摸屏损坏，通知生产厂家进行处理。
（4）风机不工作
1）检查对应的交流接触器，如果交流接触器线圈电压（AC220V）及输出电压（AC380V）正常，说明风机损坏，需更换；如果线圈电压不正常，检查供电回路以及对应的风机中间继电器是否吸合（DC24V）、输出电压（AC220V）是否正常。
2）如果中间继电器不吸合、线圈电压不正常，说明 PLC 对应输出口损坏；如果线圈电压正常，中间继电器不吸合，更换中间继电器；如果输出电压不正常，检查继电器常开触点输入输出电压；如果供电回路以及对应的中间继电器吸合（DC24V）、输出电压（AC220V）正常，更换交流接触器。
（5）气缸、脉冲阀（反吹阀）不工作
1）进入"手动单步调试"画面，按下相应按钮，测量相应接线端子输出电压（DC24V），如果电压正常，说明脉冲阀损坏需更换。
2）如果电压不正常，说明 PLC 输出口损坏，通知生产厂家进行处理。
（6）落料点周围粉尘浓度值增高
1）首先检查引风机是否有故障。如果没有故障，再检查滤筒上是否粉尘过多，如果粉尘过多，没有清除，检查反吹清灰装置是否有故障。
2）如果反吹清灰装置无故障，滤筒粉尘难以清除，必要时更换或清洗滤筒。
（7）引风机出口粉尘过多
1）检查滤筒是否有破损，如有，需更换滤筒。
2）检查滤筒花板之间密封是否破损，如有，需重新密封。
3）检查除尘器上箱体是否有漏风之处，如有，需重新密封。

（8）滤筒更换方法　将除尘设备上盖卸下，将旧滤筒抽出，再将新滤筒套上，然后再安装上即可。

【在线开放资源】

1）中国大学 MOOC 和蓝墨云班课——资源："项目 4 综合任务 6"中的数字化文本资源。

2）HMI 技术论坛——西门子（中国）官网（http://www.ad.siemens.com.cn）主页中的"工业支持中心"→"找答案"。

西门子（中国）官网

综合任务7　多晶硅薄膜生产中的硅酸乙酯源柜温控设计

学习目标

1. 认识多晶硅薄膜生产设备控制的工艺流程。
2. 理解多晶硅薄膜生产设备控制中的变量分配。
3. 掌握多晶硅薄膜生产控制的人机界面设计。
4. 掌握多晶硅薄膜生产设备控制的 PLC 程序设计。
5. 掌握系统的模拟运行和仿真测试。

技术难点

1. 设备控制中的变量分配。
2. 生产设备控制的工艺流程。
3. 设备控制的人机界面设计。
4. 多晶硅薄膜生产控制的 PLC 程序设计。

任务描述

在基于触摸屏的小型 PLC 控制硬件系统上，模拟实现多晶硅薄膜生产设备控制系统设计，要求：

1. 完成系统的控制变量分配和组态。
2. 控制对象的画面设计。
3. PLC 控制程序的设计。
4. 模拟运行和测试设计的系统。

【跟我学】

4.7.1　多晶硅薄膜简况

1. 工程背景与需求

多晶硅是单质硅的一种形态。熔融的单质硅在过冷条件下凝固时，硅原子以金刚石晶格形态排列成许多晶核，如这些晶核长成晶面取向不同的晶粒，则这些晶粒结合起来，就结晶成多晶硅。从目前国际太阳电池的发展过程可以看出其发展趋势为单晶硅、多晶硅、带状硅、薄膜材料（包括微晶硅基薄膜、化合物基薄膜及染料薄膜）。多晶硅是生产单晶硅的直接原料，是当代人工智能、自动控制、信息处理、光电转换等半导体器件的电子信息基础材料。

2. 工业生产

多晶硅的生产技术主要为改良西门子法和硅烷法。西门子法通过气相沉积的方式生产柱状多晶硅，为了提高原料利用率和环境友好，在前者的基础上采用了闭环式生产工艺即改良西门子法。该工艺将工业硅粉与 HCl 反应，加工成 $SiHCl_3$，再让 $SiHCl_3$ 在 H_2 气氛的还原炉中还原沉积得到多晶硅。还原炉排出的尾气 H_2、$SiHCl_3$、$SiCl_4$、SiH_2Cl_2 和 HCl 经过分离后再循环利用。

硅烷法是将硅烷通入以多晶硅晶种作为流化颗粒的流化床中，使硅烷裂解并在晶种上沉积，从而得到颗粒状多晶硅。改良西门子法和硅烷法主要生产电子级晶体硅，也可以生产太阳能级多晶硅。

冶金法制备太阳能级多晶硅（Solar Grade Silicon，SOG-Si），是指以冶金级硅（Metallurgical Grade Silicon，MG-Si）为原料（98.5% ~ 99.5%），经过冶金提纯制得纯度在99.9999%以上用于生产太阳电池的多晶硅原料的方法。冶金法在为太阳能光伏发电产业服务上，存在成本低、能耗低、产出率高、投资门槛低等优势，通过发展新一代载能束高真空冶金技术，可使纯度达到 6N 以上，并在若干年内逐步发展成为太阳能级多晶硅的主流制备技术。

3. 本任务生产工艺要求

本任务为多晶硅薄膜生产制备中的硅酸乙酯（TEOS）源柜温控设计，按工艺生产过程对系统控制提出如下技术要求：

1）TEOS 源柜内部所有的气动阀需要提供手动和自动两种模式。

2）加热器需要提供手动和自动两种模式。

3）需满足 TEOS 小源瓶和通气管路的加热控制功能，温度由现场操作员根据需要自行设定。

4）需满足自动补液功能，系统操作需要提供手动和自动两种模式。

5）TEOS 通气前需满足 3 个条件：

① 炉管必须处在抽真空状态下。

② TEOS 通气管路必须检漏合格。

③ TOES 源瓶及其通气管路的温度必须达到设定温度值。

6）TEOS 通完气后需要对通气管路进行净化。

其简化的工艺生产流程如图 4-79 所示。图 4-79 中 Y1 ~ Y7 为电磁阀，其他均为手动阀，源容器中存储安瓿液，其工艺步骤如图 4-80 所示。

集成电路制造工艺包括氧化、扩散、合金等工艺，而 TEOS 源柜是集成电路制造扩散工艺中供应源气的设备，系统以 S7-300 作为控制核心，搭配相应模块搭建 TEOS 源柜温控系统，通过检测 12 路温度传感器，控制 7 路气动阀、12 路交直流加热器，构成闭环 PID 温控

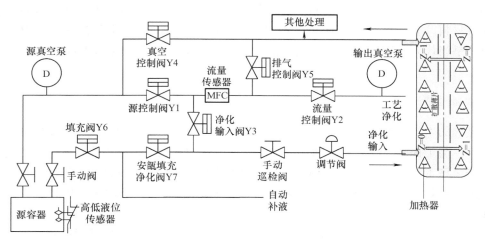

图 4-79 TEOS 工艺流程简图

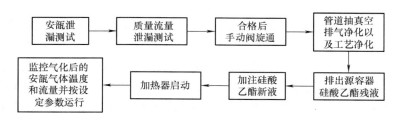

图 4-80 TEOS 工艺步骤

系统，精确控制安瓿液的供液以及液转气后输出源气的温度、洁净度及流量，可完成系统排气、工艺净化、泄漏测试以及安瓿液的交换和填充等功能。

【跟我做】

4.7.2 控制系统硬件配置

（1）控制系统整体架构 根据控制生产工艺流程，控制系统需要 3 路模拟量输入、16 路数字量输入和 21 路数字量输出，控制硬件系统采用紧凑型 CPU（314C-2DP）并带有 MPI（其集成有 24DI/16DO、4AI/2AO 和 PID 闭环调节等）、3 路数字量输出模块、电源模块以及 12 路功率驱动板，并控制 7 路电磁阀的输出，另外，为给系统及传感器供电，系统外接了两块 15V 开关电源，通过桥接，使其可输出 DC±15V 电压，满足传感器及 12 通道模拟量切换通道的需要，同时由变压器变换输出 AC33V，供加热器使用，其系统组成如图 4-81 所示。

（2）控制系统硬件模块 I/O 口分配 运用 CPU（314C-2DP）所配置输入模块 C1_1，检测真空压力传感器和流量传感器的模拟量信号、液位传感器开关量信号，如图 4-82a 所示。运用模块 C1_2 控制系统 12 路加热器功率驱动板的固态继电器线圈，同时通过 DO1.4～DO1.7 输出后级 16 通道切换模块 4 位地址编码，如图 4-82b 所示。

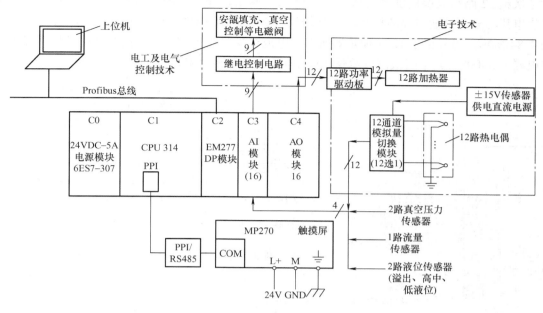

图 4-81　TEOS 硬件系统组成框图

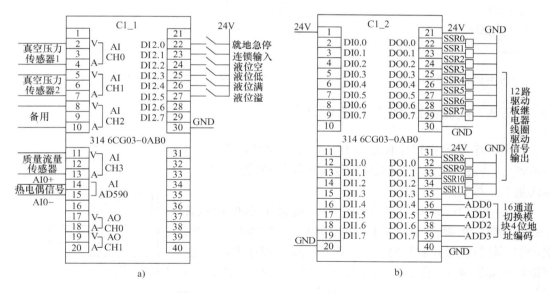

图 4-82　C1_ 1、C1_ 2 I/O 端口配置

　　输出模块 C2 按工艺步骤要求可手动或自动控制系统中 7 个电磁阀（Y1～Y7）的动作，实现安瓿检漏、排气净化等功能，如图 4-83c 所示。

　　（3）温度信号采集及驱动电路设计　　系统利用高精度热电偶监控 12 个加热器所处区域的温度，由于传感器数量较多，为降低系统成本，减少输入模块数量，采用 4 线-16 线译码器 MC74HC4514N 搭建 16 通道模拟量采集开关模块，通过周期性刷新方式顺序检测，对 12 路热电偶中的 1 路信号进行处理，由于热电偶输出为电流型模拟量，故在该切换电路中，通过依次给 12 路热电偶提供 DC24V 电压，相等于每次选择 1 路传感器信号，通过精密电阻 R 产生电压信号，并通过隔离放大器将其转换为 0～20mA 标准电流信号接入 C1_1，电路如图 4-84 所示。另外由于 12 路加热器所需总电流至少要在 20A 以上，故功率驱动板选择固态继电器 SAI4008，其单路最高可承受 8A 的电流，满足驱动需要。

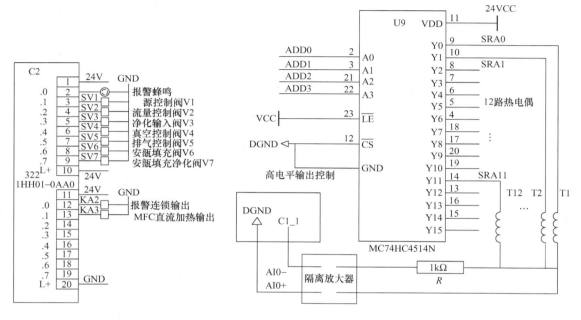

图 4-83 C2 端口配置　　　　　图 4-84 通道模拟量切换模块电路

4.7.3 控制系统 PLC 程序设计

整个程序分为主程序模块（OB1）以及循环中断组织块（OB35），并通过组织块（OB34）等实现源柜系统的温度、质量流量 PID 控制。

（1）主程序设计　在主程序中，包含了模拟量检测、Modbus、阀门控制、加热控制、排气净化、工艺净化、安瓿泄漏测试、质量流量控制器测试、安瓿填充等子程序模块。主程序流程图如图 4-85 所示，其部分梯形图参考程序如图 4-86 所示。

（2）温度中断程序设计　系统采用循环中断方式采集传感器温度信号，送入循环中断程序组织块（OB35），并将循环中断设为 100ms，每隔 0.1s 产生 1 次中断，温度控制采用专家 PID 控制策略，中断程序流程图如图 4-87 所示，通过依次切换采集 12 路温度模拟信号，采集数据经 Modbus 通信处理后送入模块 C1_1 的数据区（FC18），其第 1 路通道循环中断初始化子程序段代码如图 4-88 所示。

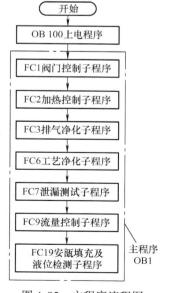

图 4-85 主程序流程图

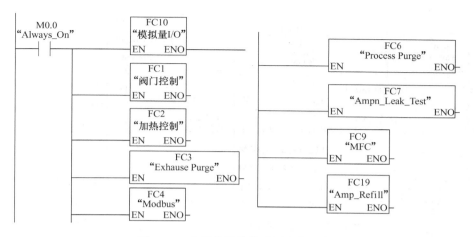

图 4-86 主程序部分梯形图参考程序

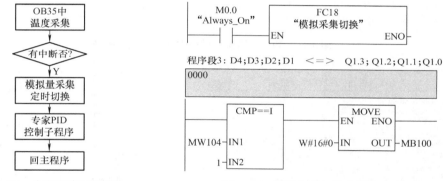

图 4-87 中断程序流程图　　　　　图 4-88 循环中断初始化子程序段

（3）流量 PID 控制程序设计　流量控制的中断方式和采样时间同温度控制，流量采集信号送入流量专家 PID 控制组织块（OB34），实现系统按设定流量控制。

PID 控制组织块（OB34）采用比例积分方式，在现场调试中采用临界比例法的工程整定方法，背景数据块 DB31 最终将比例系数 GAIN 设定为 2、积分时间 TI 设置为 10s，以保证在一轮循环中断实现质量流量的快速调节，实现系统按设定流量控制。质量流量 PID 控制模块循环中断初始化子程序段如图 4-89 所示。

4.7.4 控制系统触摸屏设计

（1）控制画面设计　按工艺要求，系统触摸屏组态画面包含初始画面、控制主画面、控制维护画面和调试操作等画面，系统操作控制采用手动和自动两种模式，与 PLC 采用 MPI进行通信，通信波特率设为 19200bit/s。

1）系统初始画面与控制主画面，初始画面中的控制信息如图 4-90 所示；系统控制主画面包括用户管理、阀门状态、调试操作、温度控制和流量控制等相关参数控制，如图 4-91所示。

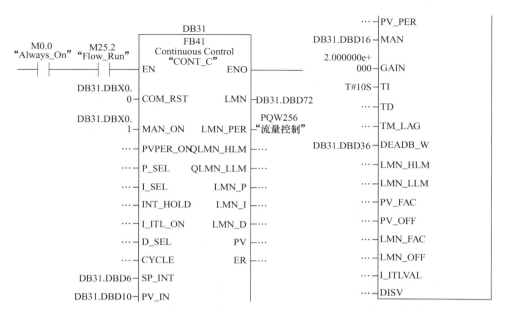

图 4-89　PID 控制模块循环中断初始化子程序段

图 4-90　初始画面

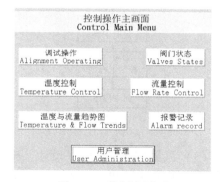

图 4-91　控制主画面

2）系统控制维护画面与调试操作画面，控制维护画面主要有系统各个控制环节的监控，如图 4-92 所示；控制调试是对系统中的各个阀门、泵等的单步状态进行控制测试，如图 4-93 所示。

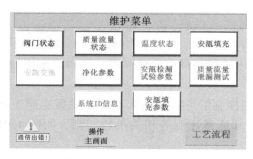

图 4-92　控制维护画面

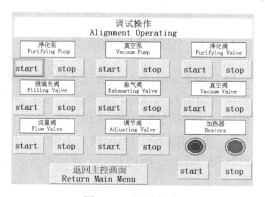

图 4-93　调试操作

176

3）系统工作泄露测试与填充设定画面分别如图 4-94 和图 4-95 所示。

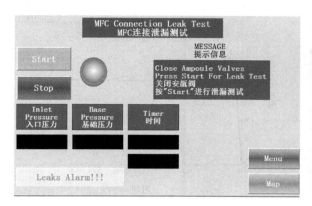

图 4-94 泄漏测试

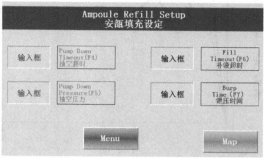

图 4-95 填充设定

（2）温度和流量控制画面设计 系统温度与流量控制画面如图 4-96 和图 4-97 所示。

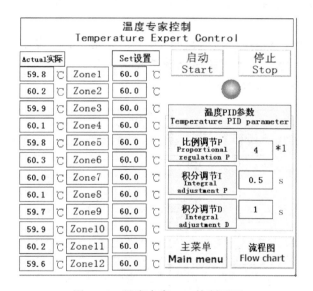

图 4-96 温度专家 PID 控制画面

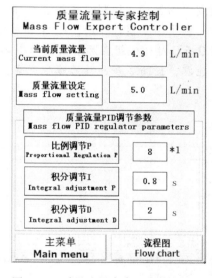

图 4-97 质量流量专家 PID 控制画面

【控制应用分析】

1. 系统仿真分析

设计的系统在投入运行前，给出在阶跃信号作用下，其温度专家控制策略与传统控制方法的仿真结果比较。温度控制输出与给定值比例如图 4-98 所示，流量控制输出如图 4-99 所示。从仿真结果可知，所设计的控制策略与传统 PID 以及模糊 PID 控制相比，温度与流量控制振荡小，调节时间短，很好地满足了设计期望。

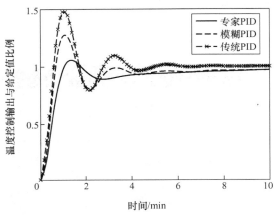

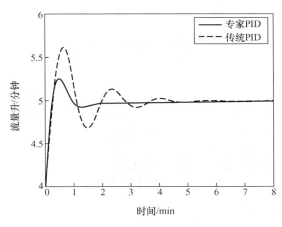

图 4-98　温度控制输出与给定值比例　　　　　图 4-99　流量控制输出

2. 实际应用

某种多晶硅薄膜生产中要求 TEOS 源柜控制扩散工艺中的温度误差在 0.5℃ 内，流量控制误差在 5% 内，设计的系统在现场测试整定的条件下运行，流量调节较快，在 100s 时间内达到控制目标，控制趋势如图 4-100 所示。

由于温度惯性作用，12 路加热器调节需要 300s 左右的时间达到生产设定值，误差控制在 0.5℃ 内（一组实际参数值如图 4-101 所示），降低了控制振荡与超调，节约了源气与电力能源，提高了多晶硅薄膜生产率，系统较好地达到了生产控制要求。

图 4-100　温度与流量控制趋势

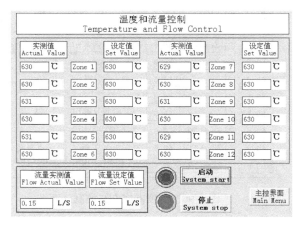

图 4-101　温度与流量控制

【在线开放资源】

1）中国大学 MOOC 和蓝墨云班课——资源："项目 4 综合任务 7"中的数字化文本资源。

2）HMI 技术论坛——西门子（中国）官网（http：//www.ad. siemens.com.cn）主页中的"工业支持中心"→"找答案"。

西门子（中国）官网

综合任务 8　实验风洞换热系统控制

学习目标

1. 认识实验风洞设备控制的工艺流程。
2. 掌握实验风洞设备控制的人机界面设计。
3. 掌握实验风洞设备控制的 PLC 程序设计。
4. 掌握系统模拟运行和仿真测试。

技术难点

1. 实验风洞设备控制的工艺流程。
2. 实验风洞设备控制中的变量分配。
3. 实验风洞设备控制的人机界面设计。
4. 实验风洞控制的 PLC 程序设计。

任务描述

在基于触摸屏的小型 PLC 控制硬件系统上，模拟实现实验风洞设备控制系统的设计，要求如下：

1. 完成系统的控制变量分配和组态。
2. 控制对象的画面设计。
3. PLC 控制程序的设计。
4. 模拟运行和测试设计的系统。

【跟我学】

4.8.1　实验风洞简况

1. 风洞

风洞（wind tunnel）即风洞实验室，是以人工的方式产生并且控制气流，用来模拟飞行器或实体周围气体的流动情况，并可量度气流对实体的作用效果以及观察物理现象的一种管道状实验设备，它是进行空气动力实验最常用、最有效的工具之一。

实验风洞是飞行器研制工作中的一个不可缺少的组成部分。它不仅在航空和航天工程的研究和发展中起着重要的作用，随着工业空气动力学的发展，在交通运输、房屋建筑、风能利用等领域更是不可或缺。这种实验方法的流动条件容易控制。实验时，常将模型或实物固定在风洞中进行反复吹风，通过测控仪器和设备取得实验数据。为使实验结果准确，实验时的流动必须与实际流动状态相似，即必须满足相似律的要求。但由于风洞尺寸和动力的限制，在一个风洞中同时模拟所有的相似参数是很困难的，通常是按所要研究的课题，选择一些影响最大的相似参数进行模拟。风洞实验是现代飞机、导弹、火箭等研制定型和生产的"绿色通道"。

2. 风洞散热装置

0.3m实验风洞换热系统主要由两台氮气加热器、循环泵、真空泵、喷淋泵、四台冷却塔电动机、比例调节阀和换热器等组成，其整体设计框架如图4-102所示。

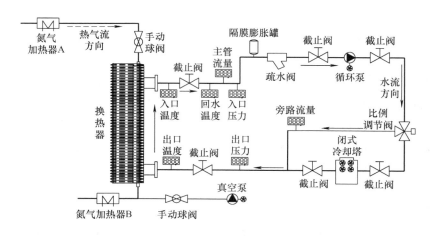

图4-102　0.3m实验风洞换热系统结构图

为保证风洞内氮气流体按控制给定的温度进行实验运行，需对风洞温度进行实时监测，通过调整控制器实现快速调整氮气加热器、循环泵、喷淋泵、真空泵等输出设备的状态，达到控制换热室实验温度的目的。

【跟我做】

4.8.2　控制系统硬件架构

（1）主电路配置　系统主电路主要控制对象为循环泵、真空泵、冷却电动机、氮气加热器，其主电路原理图如图4-103所示。

电源隔离开关额定电流为63A，其中循环泵电动机为三相变频电动机YPNC-50-3.7-B，额定功率为15kW，根据工作电流估算方法可得，380V三相时（功率因数为0.8），$I = P/1.732U\cos\Phi = 15/(1.732 \times 0.38 \times 0.8)A = 15/0.53A = 28.3A$，故主轴电动机工作电流约为30A，交流接触器额定电流为工作电流的1.5~2.5倍，电动机启动电流为额定电流的5倍左右，主轴电动机断路器额定电流约为150A。由于电动机与电气柜距离较长，超过10m，故导线选择10mm²、真空泵电动机、喷淋泵电动机、冷却塔电动机的工作电流分别为5.7A、4.23A、2.12A，导线分别选择2.5mm²、1.5mm²、1.5mm²。氮气加热器输出功率为25kW，计算可得电流为48A，选择导线为16mm²。系统控制电路根据电流负荷，选择了1mm²的导

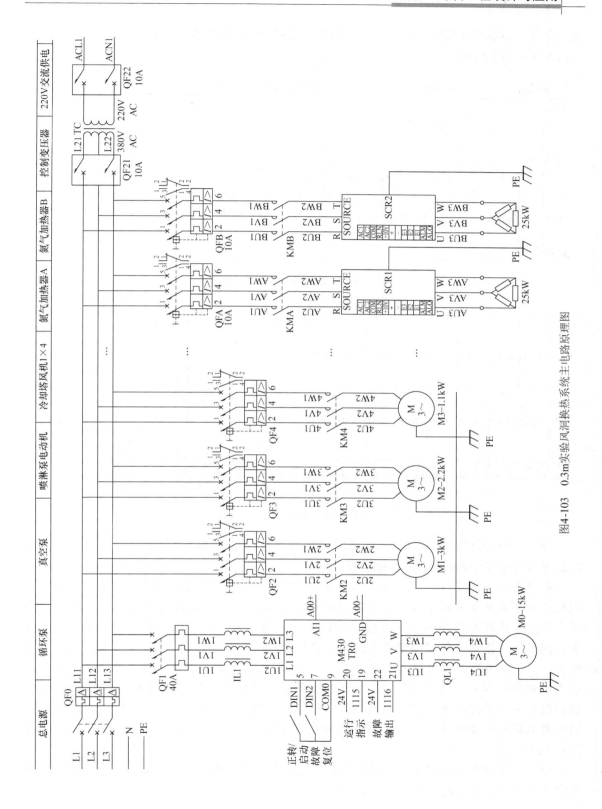

图4-103　0.3m实验风洞换热系统主电路原理图

线。此外，需给系统提供24V直流电，系统直流供电电源原理图如图4-104所示，系统辅助电路如图4-105所示。

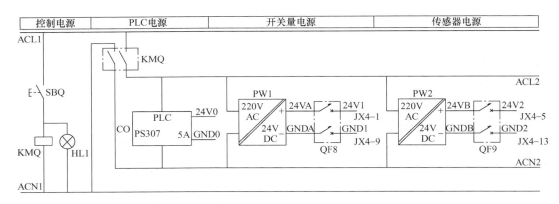

图 4-104　系统直流供电电源原理图

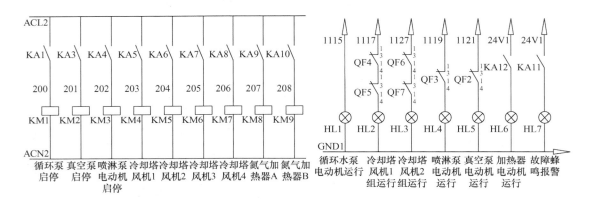

图 4-105　系统辅助电路

（2）控制硬件配置　本任务以西门子S7-300 PLC为控制器核心，以MP270人机界面为组态界面构建实验风洞用换热控制系统。

系统选择了SIMATIC S7-300 CPU 315-2 PN/DP作为中央处理单元，该单元具有中等规模的程序存储器和程序框架，对二进制和浮点数运算具有较高的处理能力，集成了用于点到点连接的通信处理器多点接口MPI，完全能够满足系统运算及高速数据通信的要求。同时由于该系统外接测控单元较多，故扩展了两个数字量输入模块（C4和C5）（共32点）、一个模拟量输入输出模块（C2）、一个模拟量与数字量混合输入模块（C3）。通过人机界面作为上位机搭建集中式I/O处理系统。系统控制配置原理图如图4-106所示。控制系统中采集的模拟量参数包括温度、压力、流量以及比例调节阀反馈系数四种参数，输出模拟量包括变频器、比例调节阀两种控制参数，模拟量模块C2和C3接线原理图如图4-107所示。

（3）控制硬件I/O定义　根据换热系统的控制工艺和系统功能要求，控制硬件输入输出模块的I/O定义如表4-15～表4-17所示。

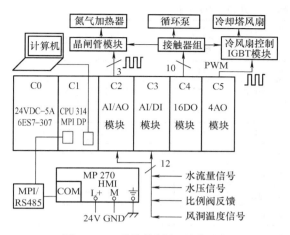

图 4-106　系统控制配置原理图

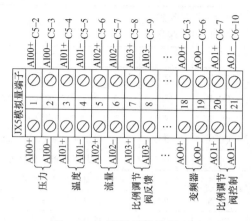

图 4-107　模拟量接线原理图

表 4-15　数字量输入模块 C2 端口 I/O 配置

PLC 端口	引脚 编号	连接对象及功能	PLC 端口	引脚 编号	连接对象及功能
	1	+24V1		11	+24V1
I0.0	2	远程/本地选择 SB0（常开）	I1.0	12	冷却塔风机 2 停止 SB8（常开）
I0.1	3	手动/自动选择 SB1（常开）	I1.1	13	喷淋泵启动 SB9（常开）
I0.2	4	紧急停止 SB2（常开）	I1.2	14	喷淋泵停止 SB10（常开）
I0.3	5	循环泵启动 SB3（常开）	I1.3	15	真空泵启动 SB11（常开）
I0.4	6	循环泵停止 SB4（常开）	I1.4	16	真空泵停止 SB12（常开）
I0.5	7	冷却塔风机 1 启动 SB5（常开）	I1.5	17	加热器启动 SB13（常开）
I0.6	8	冷却塔风机 1 停止 SB6（常开）	I1.6	18	加热器停止 SB14（常开）
I0.7	9	冷却塔风机 2 启动 SB7（常开）	I1.7	19	循环泵电动机运行 TR0
	10	+24V1		20	GND1

表 4-16　数字量输入模块 C3 端口 I/O 配置

PLC 端口	引脚 编号	连接对象及功能	PLC 端口	引脚 编号	连接对象及功能
	1	+24V1		11	+24V1
I2.0	2	喷淋泵电动机故障 TR0	I3.0	12	加热器 A 电动机故障
I2.1	3	冷却塔分机 1 组运行	I3.1	13	加热器 B 电动机运行
I2.2	4	冷却塔分机 1 组故障	I3.2	14	加热器 B 电动机故障
I2.3	5	喷淋泵电动机运行	I3.3	15	冷却塔分机 2 组运行
I2.4	6	喷淋泵电动机故障	I3.4	16	冷却塔分机 2 组故障
I2.5	7	真空泵电动机运行	I3.5	17	备用
I2.6	8	真空泵电动机故障	I3.6	18	备用
I2.7	9	加热器 A 电动机运行	I3.7	19	备用
	10	+24V1		20	GND1

表 4-17　数字量输出模块 C4 端口 I/O 配置

PLC 端口	引脚编号	连接对象及功能	PLC 端口	引脚编号	连接对象及功能
	1	+24V2		11	+24V2
Q0.0	2	循环泵启停 KA1	Q1.0	12	氮加热器 A 启停 KA9
Q0.1	3	循环泵故障复位 KA2	Q1.1	13	氮加热器 B 启停 KA10
Q0.2	4	真空泵启停 KA3	Q1.2	14	故障报警蜂鸣器 KA11
Q0.3	5	喷淋泵电动机启停 KA4	Q1.3	15	加热器运行信号 KA12
Q0.4	6	冷却塔风机 1 启停 KA5	Q1.4	16	备用 KA13
Q0.5	7	冷却塔风机 2 启停 KA6	Q1.5	17	备用 KA14
Q0.6	8	冷却塔风机 3 启停 KA7	Q1.6	18	
Q0.7	9	冷却塔风机 4 启停 KA8	Q1.7	19	
	10	GND2		20	GND2

（4）变频器参数设定　系统采用 MM430 6SE6430-2UD31-5CA0 15kW 西门子变频器作为循环泵的驱动装置，该变频器主要特征为：具有 EMC（电磁兼容性）设计、控制信号的快速响应、内置 PID 控制器、带有增强电动机动态响应和控制特性的磁通电流控制（FCC），多点 v/f 控制，适用于风机和泵类变转矩负载。由于变频器功率和循环泵电动机功率完全匹配，故绝大多数参数均按默认值设置，其中主要的几个控制参数单独进行设置，如表 4-18 所示。

表 4-18　变频器参数设定

序　号	变频器参数	设　定　值	功能说明
1	P304	根据电动机的铭牌配置	电动机的额定电压（V）
2	P305	根据电动机的铭牌配置	电动机的额定电流（A）
3	P307	根据电动机的铭牌配置	电动机额定功率（kW）
4	P310	根据电动机的铭牌配置	电动机额定频率（Hz）
5	P311	根据电动机的铭牌配置	电动机额定转速（r/min）
6	P1000	2	频率设定
7	P1080	20.00	电动机的最小频率（Hz）
8	P1082	50.00	电动机的最大频率（Hz）
9	P1300	2	抛物线 v/f 控制
10	P2291	50.00	PID 输出频率上限（Hz）
11	P2292	25.00	PID 输出频率下限（Hz）
12	P2200（3）	0	使能 PID 控制器
13	P0010	1	快速调试
14	P3900	1	快速调试结束

4.8.3 控制程序设计

（1）PLC控制程序设计 PLC控制程序设计采用模块化设计方式，程序主体架构分为主程序模块（OB1）和中断程序模块（OB35）两部分，流程图如图4-108所示。

主程序中包含FC1、FC2两个子程序，均采用模块编制，其功能和内部架构如图4-109所示。

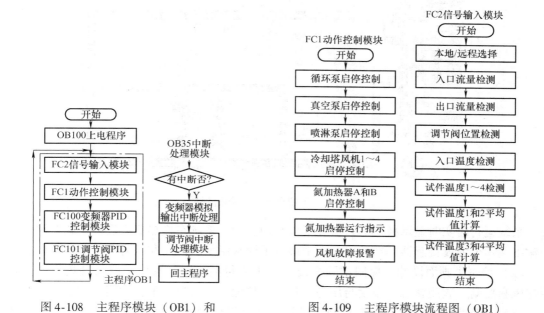

图4-108　主程序模块（OB1）和中断程序模块 OB35 流程图

图4-109　主程序模块流程图（OB1）

（2）温度与流量模糊控制 该系统通过控制比例调节阀的开度来调节主回路与旁回路流量的大小，从而将换热器的温度精确控制在实验所需的某一温度范围内。

因温度和流量难以建立精确的数学模型，FC2采用模糊PID控制方案，及基于温度和流量模糊规则的控制方法，它不依赖于系统精确的数学模型，通过积累的现场控制经验可以达到理想的控制效果，克服传统PID控制无法在线改变参数的缺点，可以根据系统的特性及时调整PID参数，使反应更加迅速，并可以提高系统的鲁棒性，图4-110所示为FC2调节阀PID控制模块的控制结构图。

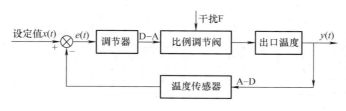

图4-110　温度与流量模糊 PID 控制结构图

4.8.4 控制画面设计

（1）初始画面设计　按系统控制操作要求，整个组态画面包括开机画面（工作流程图）、控制主画面、调试操作、调节阀操作和参数设置等部分。其中开机画面工作流程图模拟系统整体运行，其画面设计如图 4-111 所示。

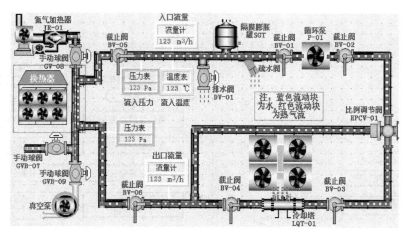

图 4-111　开机画面（工作流程图）

系统运行时实时显示换热器入口和出口平均温度，系统在换热器中设置了两个输入，两个输出共 4 个温度传感器。在开机画面中设置了回水温度、流量和压力参数监控窗口。

（2）控制主画面设计　控制主画面设计中主要包括：调试操作、控制参数设置、泵与冷却风扇控制、阀门状态、温度与压力趋势、报警记录、用户管理，如图 4-112 所示。

（3）调试操作与手动控制模式画面设计　调试操作画面包含电动机以及氮气加热器的启停操作控件，如图 4-113 所示；调节阀操作的手动控制模式如图 4-114 所示，该画面包含手/自动模式切换以及当前阀位反馈等。

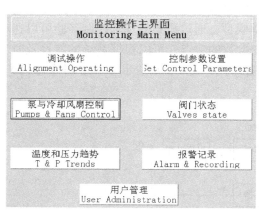

图 4-112　控制主画面

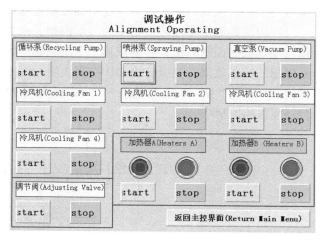

图 4-113　调试操作

图 4-114 调节阀操作

（4）参数设置画面设计 参数设置画面包括冷却温度 PID 调节参数、温度及变频器频率设定和实时温度变化曲线，如图 4-115 所示。

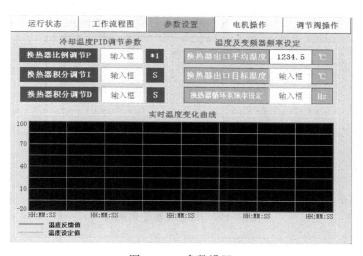

图 4-115 参数设置

（5）报警及通信组态 报警画面在包括各电动机、氮气加热器发生过载情况下及时弹出，同时蜂鸣器鸣叫，以助操作人员及时消除故障。

组态系统上位机与 PLC 采用 RS232 串口通信方式，通信波特率选择 8~19200bit/s，PLC 站地址设为 2。

【控制应用分析】

1. 系统仿真分析

在温度与流量阶跃信号作用下，给出其温度和流量控制仿真结果，如图 4-116 和图 4-117 所示，比较本任务中的模糊控制策略与传统控制方法，可看出系统温度和流量控制避免了传统 PID 控制方式的振荡过程，很好地克服了传统 PID 控制惯性和扰动性大的缺陷，实现了系统参数的快速、精确整定。

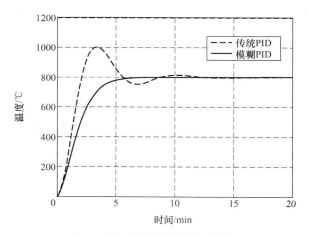

图 4-116　温度控制变化曲线

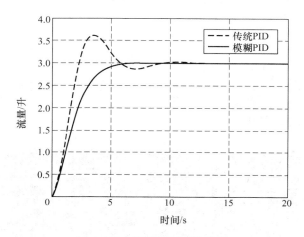

图 4-117　流量控制变化曲线

2. 应用分析

设计的某型 0.3m 气象风洞在现场测试运行下，一组温度与冷却水压现场实际控制参数趋势图如图 4-118 中所示，通过模糊 PID 控制风机、比例调节阀的动作，实现了所设计 0.3m 气象风洞的控制运行，系统较好地达到了控制速度和精度要求。

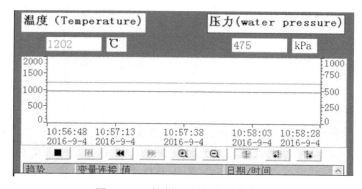

图 4-118　控制温度与水压趋势图

【在线开放资源】

1) 中国大学 MOOC 和蓝墨云班课——资源："项目 4 综合任务 8"中的数字化文本资源。

2) HMI 技术论坛——西门子（中国）官网（http：//www. ad. siemens. com. cn）主页中的"工业支持中心"→"找答案"。

西门子（中国）官网

综合任务9 高低温摇摆台运动控制系统设计

学习目标

1. 认识高低温摇摆台控制的工艺流程。
2. 掌握高低温摇摆台设备控制的人机界面设计。
3. 掌握高低温摇摆台设备控制的 PLC 程序设计。
4. 掌握高低温摇摆台系统模拟运行和仿真测试。

技术难点

1. 高低温摇摆台设备控制的工艺流程。
2. 高低温摇摆台设备控制中的变量分配。
3. 高低温摇摆台设备控制的人机界面设计与 PLC 程序设计。
4. 高低温摇摆台控制上位机的程序设计。

任务描述

在基于触摸屏的小型 PLC 控制硬件系统上，模拟实现高低温摇摆台运动控制系统设计，要求如下：

1. 完成系统的控制变量分配和组态。
2. 控制对象的画面设计。
3. PLC 控制程序的设计。
4. 模拟运行和测试设计的系统。

【跟我学】

4.9.1 摇摆台简况

1. 摇摆台

航空器在飞行之前，需在地面通过试验，获取大量实测数据后才可决定是否可参与实战。测试转台、精密离心机、角振动台等是实现这些试验测试最广泛应用的惯导测试设备。

测试转台是惯性器件和系统性能测试中关键的位置和角速率传递试验设备，装置主要包括机械台体、控制系统、电气信号连接和传输等部分。机械台体包含轴系、支撑框架、驱动电动机、导电集电环和角位置传感器；控制系统的技术核心是高精度转动伺服控制，主要由角度测量系统、伺服控制器、电机驱动器、电源配电和软件系统组成。

测试转台根据功能不同可分为位置转台、速度转台和伺服转台。位置转台可精确改变被测对象的姿态位置，利用重力场和地球自转速率在被测对象敏感轴上的输入分量测试相关的静态误差特性；速率转台可使被测对象绕规定的旋转轴以精确的角速度稳定转动，用于测试陀螺仪及系统的标度因数、偏值和阈值等特性参数；伺服转台可将被测陀螺仪或系统接入转台的伺服回路，使转台转动轴形成与被测对象的随动关系，用于测试陀螺仪和系统的长期漂移特性。

2. 技术指标

本任务以 S7-200 PLC 为控制硬件，组成高低温摇摆台运动控制系统，被控设备由俯仰、滚动摇摆台两部分组成，它是控制舱综合测试台配套设备之一。其工艺控制舱段将控制舱固定在支架上，在不同的坐标轴方位上，检测控制舱系统功能极性与性能参数，系统整体框架设计及技术要求为：

1）摆动台采用两台同步步进电机驱动，控制偏心运动，分别产生俯仰偏航和滚动方位上的正弦摇摆运动。

2）俯仰方向摇摆频率 $f = 1.0\text{Hz}$，幅值 $\pm 1.5°$；滚动方向摇摆频率 $f = 1.0\text{Hz}$，幅值 $\pm 1.5°$。

3）频率稳定度及误差均不大于 3%，幅值误差及稳定度不大于 1%。

4）摇摆台输出步进驱动信号波形应无毛刺、拐点畸变等现象。

5）摇摆台能控制产品顺航向顺时针转动，应平稳无突跳，角速度不大于 $30°/\text{s}$。控制舱吊挂向上状态为初试位置 $0°$，断电时也在 $0°$，相对初始位置转 $\pm 45°$，$180°$。

【跟我做】

4.9.2 设备选型与硬件架构

（1）系统控制硬件配置 摇摆台运动控制系统以西门子 S7-200 作为控制核心，配置 EM231、EM232 模拟量输入输出模块，控制两路步进驱动系统动作，采用 MP270 人机界面，上位机通过 16 位高分辨率凌华（PCI-6208 + 6216）数据采集卡直接采集模拟量输出模块 EM232 的信号（每秒钟采集 5000 次），采用 Modbus-485 通信方式，电机与摆台之间采用 1:1 的减速比，在摆台和滚转台安装高精度直线和旋转位移传感器，采用 5V 供电，摆动时 200 个步进驱动脉冲对应 1mm，滚转时 20000 个步进驱动脉冲对应 1 圈（360°），摇摆台控制硬件系统组成如图 4-119 所示。

（2）PLC 控制系统硬件原理图

1）电路所需电源包括 PLC 系统、位移传感器及步进驱动器所需的 +24V 直流电源，电路如图 4-120 所示。S7-200 端口通过 Q0.0 ~ Q0.7 向步进驱动器输出使能、方向等信

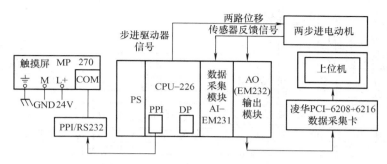

图 4-119 摇摆台控制硬件系统组成

号，控制电动机的转速和转向，同时输入端口配置手动、急停、限位等信号输入，接线原理图如图 4-120 所示。

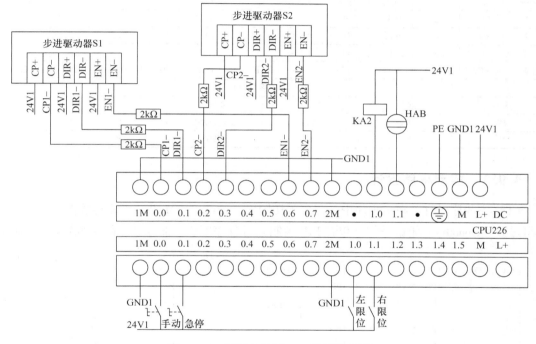

图 4-120 摇摆台控制 PLC 接线原理图

2）系统反馈信号通过 EM231 返送给 PLC 实现 PID 控制，又通过并接方式直接给上位机提供数据采集，通过测试，在这样一种连接方式下，系统输出正弦波受相互影响干扰较大，毛刺较多，故扩展了 EM232 AQ4×12Bit 模拟量输出模块，通过其光电隔离，利用模块及高速输入滤波功能，很好地抑制了干扰，同时 12 位的转换精度完全满足了精度要求，EM232 和 EM231 模拟量模块配置如图 4-121 所示。

（3）步进驱动器及航空插头端口设计 由于摇摆台控制箱与台体的传感器与步进电动机距离较远，故两者之间均采用航空插头连接，输出控制信息及输入反馈信息，其端口配置如表 4-19 所示，线号与图 4-121 一致。

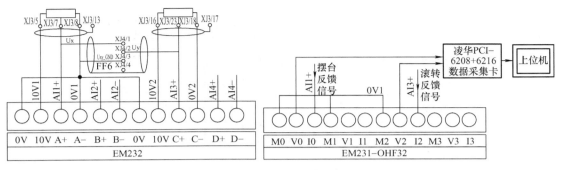

图 4-121　EM232 和 EM231 端口配置

表 4-19　航空插头 XJ3 和 XJ4 端口配置

控制箱 XJ3 端口配置											
序号	线号	序号	线号	序号	线号	序号	线号	序号	线号	序号	线号
1	A1 +	5	10V1	9	A2 −	13	FP3	17	FP4	21	B2 +
2	B1 +	6	FP2	10	A2 +	14	1103	18	0V2	22	Nc
3	B1 −	7	AI1 +	11	B2 −	15	GND1	19	FP5	23	AI2 +
4	FP2	8	0V1	12	A1 −	16	10V2	20	1102	24	201

姿态反馈接口 XJ4					
序号	线号	序号	线号	序号	线号
19	Ux	21	Uxy_ GND	23	
20	Uy	22	FP6	24	

4.9.3　控制程序设计

（1）主程序设计　在主程序中，包含了初始化（initial）、Modbus、滚转操作、俯偏操作、平滑过渡（smooth）、俯偏操作（包含 PID 控制）等程序模块。部分参考程序如图 4-122 所示。

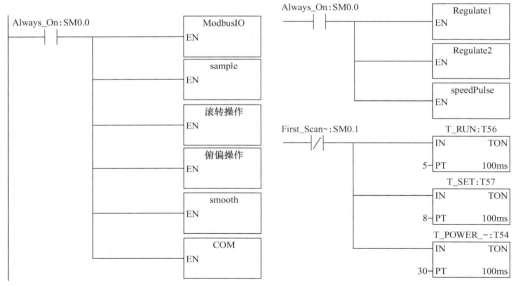

图 4-122　部分参考主程序

（2）PID 控制程序　系统由于一开始数据采集直接取自信号反馈端，但由于干扰的原因，造成输出正弦波形毛刺太多，误差较大，故本任务 PID 控制采用了改进型积分分离算法，减小了信号传输过程因驱动系统造成的超调量，也改善了动态特性，其参考初始化程序如图 4-123 所示。

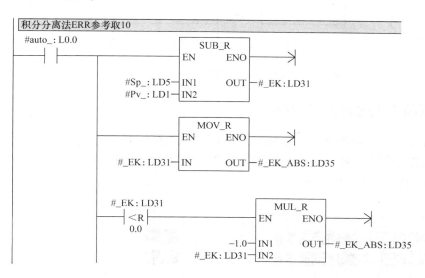

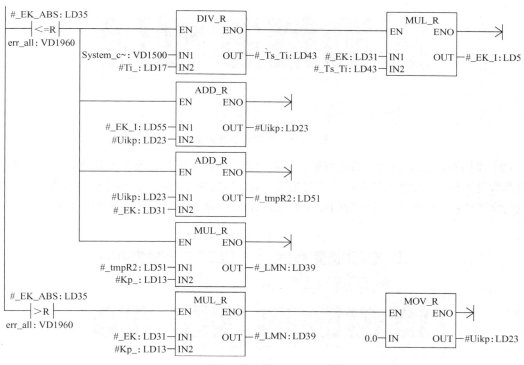

图 4-123　参考初始化程序

（3）摇摆台正弦波程序设计　控制程序利用 PLC 中的 SIN 指令，产生系统所需要的正弦波，以摇摆台俯偏动作为例，正弦波产生程序如图 4-124 所示。

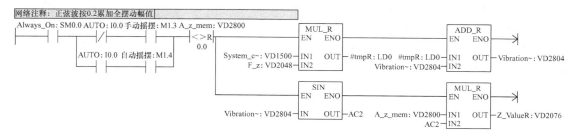

图 4-124　正弦波产生程序

4.9.4　控制画面与上位机画面设计

（1）主控画面组态设计　系统通过触摸屏组态画面实现摇摆台自动控制，实时输出俯偏角度参数，可设置滚转旋转参数、摆动参数等；与 PLC 采用 RS232 通信，数据校验方式采用偶校验，其主控画面如图 4-125 所示。

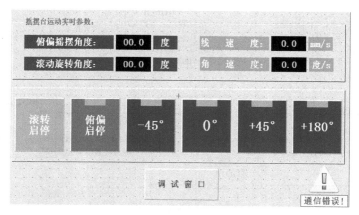

图 4-125　摇摆台主控画面

（2）调试画面组态设计　系统可通过触摸屏组态画面实现摇摆台单步调试控制，主要包括运动参数设置和零位校准操作 I/O 窗口与按钮，运动参数设置功能为滚转和旋转两大功能的 6 个参数给定调试；零位校准功能实现俯偏摇摆与滚动旋转参数较零。调试画面如图 4-126 所示。

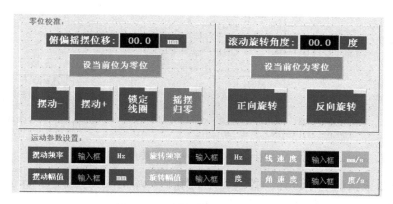

图 4-126　摇摆台控制调试画面

（3）上位机画面设计　　系统上位机主要实现摇摆台自动运转及采集测试参数，以及远程控制摇摆台滚转和摆动动作。其上位机画面包含了"摇摆台测试""俯偏补偿""俯偏加速度回路""俯偏加速度模拟""俯偏稳定""俯偏限幅""自适应调参""最大舵偏角测试"和"报表打印"等9个画面，图4-127所示为摇摆台测试主画面，俯偏稳定回路测试画面如图4-128所示。

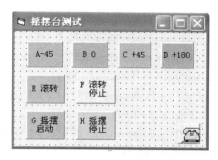

图4-127　摇摆台测试主画面

俯偏稳定回路								
	发射前				发射后2s			
项目	Qgtp	Qgty	Ugtp	Ugty	Qgty	Qgtp_	Ugtp	Ugty	频率
要求值	-90°±30°	90°±30°	0.58±0.12	0.58±0.12	90°±30°	-90°±30°	0.22±0.04	0.22±0.04	1Hz
实测值									

图4-128　俯偏稳定回路测试画面

（4）上位机连接程序设计　　主画面上位机参考程序如下：

```
Private Sub Form_Load( )
    Me. Top = ( MDIForm1. ScaleHeight-Me. Height)／2
    Me. Left = MenuForm. Width + ( ChildForm. Width-Me. Width)／2
        ExitKZ = False
        If COM7. PortOpen = False Then
        COM7. PortOpen = True
        End If
End Sub
```

俯偏稳定回路上位机程序为：

```
                '发射后 2s 前          'Ulg = 1
                D2K_DO_WriteLine card, Channel_P1B, 6, Ch_On
                PYB2
                Label1(478). Caption = Fuzhixiangwei(0)
                Label1(477). Caption = Fuzhixiangwei(1)
                Label1(476). Caption = Fuzhixiangwei(2)
                Label1(475). Caption = Fuzhixiangwei(3)
                Label1(474). Caption = Format( ( Fuzhixiangwei(1) + Fuzhixiangwei(3) )／2, "0. 00")
                Label1(473). Caption = Format( ( Fuzhixiangwei(0) + Fuzhixiangwei(2) )／2, "0. 00")
                Sleep 1000           '发射后 2s
                Qgtrl 46, 18
```

Label1（385）. Caption = Fuzhixiangwei（1）

Label1（386）. Caption = Fuzhixiangwei（0）

Qgtrl 46，19

Label1（384）. Caption = Fuzhixiangwei（1）

Label1（387）. Caption = Fuzhixiangwei（0）

PYB2

Label1（485）. Caption = Fuzhixiangwei（0）

Label1（484）. Caption = Fuzhixiangwei（1）

Label1（483）. Caption = Fuzhixiangwei（2）

Label1（482）. Caption = Fuzhixiangwei（3）

If（Fuzhixiangwei（1）+ Fuzhixiangwei（3））/ 2 > 1.03 Or（Fuzhixiangwei（1）+ Fuzhixiangwei（3））/ 2 < 0.69 Then Label1（481）. ForeColor = RED

If（Fuzhixiangwei（0）+ Fuzhixiangwei（2））/ 2 > 1.03 Or（Fuzhixiangwei（0）+ Fuzhixiangwei（2））/2 < 0.69 Then Label1（480）. ForeColor = RED

Label1（481）. Caption = Format（（Fuzhixiangwei（1）+ Fuzhixiangwei（3））/2，"0.00"）

Label1（480）. Caption = Format（（Fuzhixiangwei（0）+ Fuzhixiangwei（2））/2，"0.00"）

【控制应用分析】

本任务结合控制舱的测试要求，利用 S7-200 CPU 226 控制两路步进驱动系统，实现运动系统的摆动和滚转运动，在加载同等重量及重心的负载后，进行测试。

1. 高温点火试验

通过高温点火试验，得到表 4-20 所示的高温测试局部数据，从实测数据可看出各项参数均满足了测试要求。

表 4-20　高温测试局部数据

工　序	项　　目		单　位	规　定　值	实　测　值
	积	俯仰通道	V/s	≤0.8	0.215
	漂	偏航通道	V/s	≤0.8	0.236
	电子	2s 信号	s	2 ±0.2	2
	延迟	0.4s	ms	400 ±100	400
		$t^P W$	ms	115 ±23	114.900002
		$t^Y W$	ms	115 ±23	115.400002
		$t^P W$	ms	323 ±65	328.899994
		$t^Y W$	ms	323 ±65	328.899994

2. 低温测试

在 −40℃下连续冻结 4h 后进行低温试验，系统机械和电气部分运行能够可靠且稳定，通过随机在 4s 内连续采集 20000 个数据（4 个周期），经启动细分处理后，以正弦波控制输入为例，得到摇摆台正弦波输出曲线，输出曲线平滑无毛刺，如图4-129所示，可看出，设计的控制系统完全实现了设计技术指标。

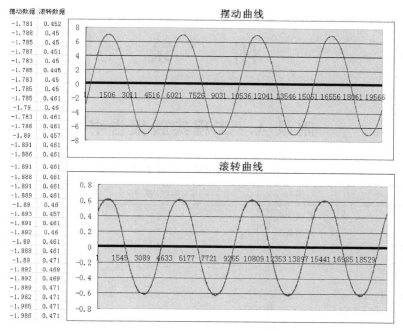

图4-129 摇摆台控制输出曲线

【在线开放资源】

1）中国大学 MOOC 和蓝墨云班课——资源："项目4 综合任务9"中的数字化文本资源。

2）HMI 技术论坛——西门子（中国）官网（http：//www. ad. siemens. com. cn）主页中的"工业支持中心"→"找答案"。

西门子（中国）官网

附　　录

附录 A　工程实践报告书

"组态控制技术与应用" 工程实践报告书

姓名		组号		班级/学号		时间	
工程实践编号		工程实践名称					
实践目标							
操作步骤							
注意事项							
问题与对策	实践遇到的问题					对策	
总结与讨论							

附录 B　工程实践考核表

表 B-1　工程实践考核表 1

姓　名		同组		专业/班级		
项目内容	考核要求	配分	评分标准	扣分	自评	互评
电气原理图	正确绘制电气原理图且符号规范	20	电气原理图符号不规范每处扣 2 分，最多扣 5 分			
			端子连接错误，每处扣 2 分，最多扣 10 分			
触摸屏安装	正确安装	20	安装未完成扣 20 分			
			安装完成，但不符合机械与电气要求，每处扣 2 分，最多扣 10 分			
触摸屏与 PLC 连接	正确连接	20	装配连接未完成扣 10 分			
			装配连接完成，但不符合机械与电气要求，每处扣 2 分，最多扣 10 分			
项目调试	调试成功	25	未成功扣 20 分			
			成功，但有错误，每处扣 2 分，最多扣 10 分			
职业素养		15	现场操作安全保护符合操作规程；摆放、包装、导线等处理符合职业岗位要求；团队合作分工配合协调；遵守纪律，规范使用设备与器材，保持工位的整洁等			

表 B-2　工程实践考核表 2

姓　名		同组		专业/班级		
项目内容	考核要求	配分	评分标准	扣分	自评	互评
电气原理图	正确绘制电气原理图；电气原理图符号规范	20	电气原理图符号不规范每处扣 2 分，最多扣 5 分			
			电气安装端子连接错误，每处扣 2 分，最多扣 10 分			
组态控制画面设计	控制画面设计正确	25	控制画面设计未完成扣 20 分			
			完成，但有错误，每处扣 5 分，最多扣 15 分			
触摸屏与 PLC 通信组态与程序设计	设计正确	20	通信组态设计未完成扣 10 分			
			PLC 程序设计未完成扣 10 分			
			通信组态设计与 PLC 程序设计有错误，每处扣 2 分，最多扣 10 分			
项目测试	测试成功	20	测试未成功扣 15 分			
			触摸屏与 PLC 通信失败，扣 10 分			
职业素养		15	现场操作安全保护符合操作规程；摆放、包装、导线等处理符合职业岗位要求；团队合作分工配合协调；遵守纪律，规范使用设备与器材，保持工位的整洁等			

参 考 文 献

［1］王志伟，赖永波，等．多晶硅薄膜生产中的硅酸乙酯源柜温度与流量控制［J］．现代电子技术，2016，39（12）：103-106.

［2］王志伟，陆锦军，等．气象风洞热供交换系统设计［J］．仪表技术与传感器，2016（7）：82-85.

［3］西门子（中国）有限公司．WinCC flexible 2008 用户手册．

［4］祝福，陈贵银．西门子S7-200系列PLC应用技术［M］．2版．北京：电子工业出版社，2015.

［5］廖常初．西门子人机界面（触摸屏）组态与应用技术［M］．2版．北京：机械工业出版社，2012.